福建省自然科学基金项目"碳中和目标下福建省生物质能优化利用政策模拟研究"（2021J011227）阶段性成果

基于可持续发展的区域污水污泥资源化利用政策模拟研究：以福建省为例

柯文岚 ◎ 著

THE SIMULATION OF REGIONAL SEWAGE AND
SLUDGE UTILIZATION POLICY
FOR SUSTAINABLE DEVELOPMENT:
A CASE STUDY OF FUJIAN PROVINCE

中国财经出版传媒集团
经济科学出版社
Economic Science Press

图书在版编目（CIP）数据

基于可持续发展的区域污水污泥资源化利用政策模拟
研究：以福建省为例 / 柯文岚著. —北京：经济科学
出版社，2021.12
ISBN 978 - 7 - 5218 - 2927 - 3

Ⅰ.①基⋯ Ⅱ.①柯⋯ Ⅲ.①污水 - 废水综合利用 -
政策 - 研究 - 福建 ②污泥利用 - 政策 - 研究 - 福建
Ⅳ.①X703

中国版本图书馆 CIP 数据核字（2021）第 198276 号

责任编辑：张　燕
责任校对：李　建
责任印制：邱　天

基于可持续发展的区域污水污泥资源化利用政策模拟研究：以福建省为例

柯文岚　著

经济科学出版社出版、发行　新华书店经销
社址：北京市海淀区阜成路甲 28 号　邮编：100142
总编部电话：010 - 88191217　发行部电话：010 - 88191522
网址：www. esp. com. cn
电子邮箱：esp@ esp. com. cn
天猫网店：经济科学出版社旗舰店
网址：http：// jjkxcbs. tmall. com
固安华明印业有限公司印装
710 × 1000　16 开　12.75 印张　200000 字
2021 年 12 月第 1 版　2021 年 12 月第 1 次印刷
ISBN 978 - 7 - 5218 - 2927 - 3　定价：66.00 元
（图书出现印装问题，本社负责调换。电话：010 - 88191510）
（版权所有　侵权必究　打击盗版　举报热线：010 - 88191661
QQ：2242791300　营销中心电话：010 - 88191537
电子邮箱：dbts@ esp. com. cn）

前　　言

　　中国经济已从高速发展阶段转入高质量发展阶段，城市人口急剧增加，城市规模迅速扩大，工业废水和城市生活污水大量排放，污水处理厂污泥产生量也急剧增加，而中国城市污泥的处理处置和资源化利用仍处于初级阶段，技术还不够成熟，落后于基本污水处理设施的建设和运营。"十三五"规划、"水十条"等系列政策、标准和法律法规的出台，让中国污水污泥产业面临前所未有的挑战。以福建省为例，福建省正处于工业化高速发展阶段向后工业化阶段转型时期，叠加良好的生态环境及新兴战略性产业的转型升级，应兼顾经济发展速度和资源环境质量。福建省的生态文明建设起步早、力度大，是全国首个生态文明先行示范区，其生态文明建设得到国务院的大力支持。因此，以福建省为例探讨污水污泥的资源化利用，具备良好的政策导向及财政支持基础，同时也能在全国起到示范作用。

　　本书从处于转型阶段的发展中地区福建省出发，旨在解决福建省污水污泥资源化利用与地区经济增长、水资源及能源节约利用、环境污染改善间的均衡发展问题。主要研究工作和创新点如下所述。

　　第一，设计了城市污水污泥处理综合政策的概念模型。本书基于价值平衡理论、物质平衡理论、能源平衡理论和投入产出理论，构建了包括一个目标函数（GRP 最大化）和社会经济发展模型、水资源平衡模型、能源平衡模型、水污染物质排放模型的动态最优化模型，设计了包括产业结构优化、污水污泥处理技术、财政补贴、能源节约利用的综合政策方案，并作为内生变量引入模型。模型的目标是实现水资源消耗、能源消耗、环境污染物排放等多重约束下的地区经济可持续增长。模型包含 97 个数学函数公式和 8828 个变量，利用 LINGO 软件将数学公式转换为编程代码并进行模拟实验。由于模型基于 2012 年投入产出表，因此以 2012 年数据为基期，模拟期为 2013 ~ 2025 年。

第二，构建了福建省污水污泥处理综合政策动态实证模型。本书对引入的技术与政策组合进行了 4 种情景模拟，综合考虑了各个情景在污水污泥资源化利用目标和节能减排目标基础上的社会经济发展水平、水资源利用效率、环境改善程度以及政府财政补贴效率，从中选出福建省实现可持续发展的最优情景。最优情景结果显示：到 2025 年，污水处理率上升了 19.07%，再生水回用率上升了 17.9%，污泥处理量增加了 37.57 万吨，实现污水污泥资源化利用规划目标；地区生产总值为 56142 亿元，GRP 年均增速为 8.6%，略高于 8.5% 的规划目标；福建省三次产业结构调整为 3.8 : 50.7 : 45.4，实现了"十三五"规划中对第二、第三产业的发展目标；化学需氧量年均减排 3%，能源消耗总量在 14500 万吨标准煤以内，控制在国家下达的指标内；从整体上看，基本实现了污水污泥资源化利用及地区经济稳定增长和环境改善的均衡发展。

第三，提出了福建省污水污泥最优化处理政策及区域发展方案。本书根据模拟结果，从先进污水污泥技术选择与布局、绿色产业发展规划、政府投资及补贴分配、资源节约和环境改善措施四个方面提出具体的政策建议方案。在污水污泥技术选择与财政投资补贴方面，建议 2013 ~ 2025 年，福建省政府提供财政投资 50.70 亿元用于补贴新建采用膜生物反应器和双膜生物反应器的污水处理厂 23 处，提供 40.71 亿元用于补贴采用厌氧发酵污泥处理厂。在绿色产业发展规划方面，建议缩减高耗水、高污染和高耗能的产业，如农林牧渔业，采矿业，食品、烟草、纺织、木材及其他制造业，石油化工及金属、非金属制品业，电力、热力、燃气及水的生产和供应业，提档升级传统优势产业；重点发展产品附加价值率高，水资源利用效率高，能源消耗强度低和污染排放强度低的产业，如装备制造业，建筑业，商贸、交通、仓储及餐饮业，信息技术、金融、房产及其他服务业，做大做强主导产业，培育壮大新兴产业。在资源节约和环境改善措施方面，实行严格的水资源管理制度，突出抓好农业领域节水节能，改善城市水循环系统、产业水循环系统，大力发展节能减排绿色低碳新技术，强化污染排放标准约束和源头防控。

通过设计引入最优污水污泥处理与可持续发展综合政策，可以说福建省基本实现了污水污泥资源有效利用、环境改善与区域经济高质量增长的均衡发展目标，总结出以下一般性的结论与规律。

（1）从环境技术的引入对经济增长速度的影响来看，引入先进技术的环境规制对经济增长有显著的促进作用。随着环境约束增强、技术投入加大，经济增长水平逐步提升，具有边际递增效应，且对经济发展较为落后的地区更为显著。在模拟期中，相对落后的南平、莆田、三明、龙岩和宁德由于引入了污水污泥处理技术等有效的环境约束政策，更多的环境配额转向低污染高附加值的产业，从而更快地推动了地方经济发展，环境经济效率逐步体现。

（2）从环境政策对经济影响时效来看，包括技术在内的综合环境政策手段对区域经济影响具有明显的滞后性。在环境技术投入主要依赖于地方政府预算的情况下，地方政府需要根据实际情况制定系统的中长期财政计划，以确保环境治理效果的稳定性和持续性。

（3）从以环境主导的城市可持续发展路径来看，应根据地方特点与实际需求，制定包含环境技术与政策的综合环境规制系统；针对内部区域的规模和需求特点，引入先进的污水污泥处理技术，实现污水污泥资源化利用与水环境治理的有效改善；运用创新的技术实现节能减排约束下的经济发展目标，促进经济社会发展全面绿色转型。

本书区别于以往对于污水污泥资源化利用的现状研究和事后评价，能够为福建省的资源、环境、经济可持续发展提供预警机制，为福建省污水污泥资源化利用的技术选择和财政投资提供实验数据参考，还可以为其他处于工业化转型发展阶段的区域解决可持续发展问题提供模型参考。

本书是福建省自然科学基金面上项目"碳中和目标下福建省生物质能优

化利用政策模拟研究"（2021J011227）的阶段性成果。整个创作和写作过程得到了中国地质大学（北京）的雷涯邻教授、沙景华教授、闫晶晶教授，河北地质大学的张国丰副教授，福建江夏学院的刘名远教授、何敦春副教授，阳光学院的吴容容副教授的指导和帮助，在此表示感谢！

　　本书的出版获得了福建江夏学院引进人才科研经费、现代商贸研究中心经费资助，特此致谢。

柯文岚
2021 年 12 月

目　录

第1章 绪 论

绪论部分将对选题背景与研究性质、研究目的与研究意义、研究内容、科学问题、研究方法与技术路线、创新性研究成果进行归纳和提炼。

1.1 选题背景与研究性质

本书是基于我国所处的经济发展阶段面临的资源、环境、经济矛盾的现实情况和近年来对城市可持续发展的客观要求进行的应用型研究。

1.1.1 选题背景

城市化是现代化的基本进程和重要标志。根据我国"十三五"规划,中国城市化水平预计将达到 56.1%。[①] 随着城市化和工业化进程的快速发展,

① 资料来源:《中共中央关于制定国民经济和社会发展第十三个五年规划的建议》。

城市人口急剧增加，城市规模迅速扩大，工业废水和城市生活污水大量排放。2018 年我国城市废水排放总量达到 521.12 亿吨，其中工业废水排放量 252 亿吨。① 由于产业结构不合理，污水处理设施不完善，以及经费短缺等原因，现有污水处理设施不能正常运转。城市水环境污染、水系统生态破坏和居民健康威胁等问题日益突出。

另外，随着我国城市化水平不断提高，污水处理厂的污泥产生量也急剧增加。住房和城乡建设部提供的数据显示，全国城市累计建成污水处理厂由 2014 年的 3717 座增加到 2019 年的 5000 多座，污水处理能力由 1.57 亿立方米/日上升到 2.1 亿立方米/日，这将给污泥处理带来新的挑战。在我国，污泥的处理处置和资源化利用仍处于初级阶段，落后于基本污水处理设施的建设和运营。按照所估计的 70% 的总体污水处理率计算，2018 年中国产生的污泥将达到约 4000 万吨（干泥，水分含量为 80%），如何正确管理不断增多的污泥，是中国城市面临的巨大挑战。中国正在开发污泥利用技术，但与国际成功实践相比，中国的污泥资源化利用率很低，最常见的做法是对污泥进行填埋处理。据不完全统计，目前全国城镇污水处理厂污泥只有小部分进行卫生填埋、土地利用、焚烧和建材利用等，而大部分未进行规范化的处理处置。污泥含有病原体、重金属和持久性有机物等有毒有害物质，未经有效处理处置，极易对地下水、土壤等造成二次污染，直接威胁环境安全和公众健康，使污水处理设施的环境效益大大降低。因此，如何实现污水污泥资源化利用、减少环境污染已经成为现阶段我国城市经济、社会和环境可持续发展的关键问题。

以福建省为例，福建省正处于工业化高速发展阶段向后工业化阶段转型时期，叠加良好的生态环境及新兴战略性产业的转型升级，应兼顾经济发展速度和资源环境质量。福建省的生态文明建设起步早、力度大，是全国首个生态文明先行示范区，其生态文明建设得到国务院的大力支持。因此，以福

---

① 资料来源：《2018 年福建省主要污染物环境统计数据》。

建省为例探讨污水污泥的资源化利用，具备良好的政策导向及财政支持基础，同时也能在全国起到示范作用。2018 年福建省废水排放总量达到 32.61 亿吨，工业废水排放量为 14.7 亿吨，其中排入污水处理厂的为 1.858 亿吨，污水处理能力地区分布不均，污水再生利用规模很小，仅为 4661 万吨。福建省废水治理设施日处理能力为 661.44 万吨，污水处理能力普遍过剩，污水处理率地区分布不均，污水再生利用规模很小。在污泥处理方面，2018 年福建省以土地利用（27.5%）和建筑材料利用（29.7%）为主，污泥填埋（11.8%）、污泥焚烧（3.2%）等其他处置方式为辅，尚无法完全满足污泥安全处置的要求。[①] 随着社会发展和技术进步，污泥填埋或土地利用方式将逐渐面临淘汰，污泥资源化利用将成为污泥处置的趋势，潜力巨大。为了应对不断增多的污水污泥排放及支持快速城市化和持续改善环境，我国政府制定了《"十三五"全国城镇污水处理及再生利用设施建设规划》，到 2020 年福建省要升级改造污水处理规模 181 万立方米/日，污泥处理处置规模要达到 79.1 万吨/年，污水再生利用规模要达到 66 万立方米/日。除此之外，福建省由于地理和历史原因，经济的总体水平落后于沿海其他省份，产业结构不优，竞争力不足，区域发展不平衡，局部地区的环境保护有待加强。如何在保持经济稳定增长的同时，实现污水污泥资源化利用及环境保护的目标，不仅是福建省，也是全国现阶段亟待解决的问题。

1.1.2　研究性质

本书研究为应用型研究，旨在为福建省污水污泥处理技术选择和财政投资提供科学依据，也为福建省实现水资源、能源节约利用，环境改善和经济社会可持续发展提供政策支持。

---

① 资料来源：《2018 年福建省主要污染物环境统计数据》。

1.2　研究目的与研究意义

1.2.1　研究目的

本书研究从处于工业化转型发展阶段的发展中地区福建省出发，通过了解福建省社会经济发展现状、污水污泥排放及处理现状，以及社会经济发展的资源消耗及环境污染现状，分析该省社会经济发展与资源、能源消耗及环境保护之间的矛盾。针对福建省的实际情况，构建污水污泥处理综合政策动态模型，设计实现可持续发展的污水污泥处理技术与政策组合方案。通过情景模拟和政策调控，模拟出在水资源供需、污染物质减排和能源消耗约束下实现经济最优增长的污水污泥处理与可持续发展的最优技术和政策方案，为福建省污水污泥处理的技术选择和财政投资提供科学依据，为福建省实现可持续发展提供政策支持。

1.2.2　研究意义

本书的研究意义从理论意义和现实意义两个方面进行阐述。

1.2.2.1　理论意义

本书建立了社会经济发展与水资源利用、能源利用、人口增长、环境污染间的动态耦合，是结合了水资源供需、能源供需和环境污染排放的扩展模型，并在扩展模型中加入了污水污泥处理技术和政策干预及有利于实现可持续发展的节能减排约束。本书研究区别于以往侧重于污水污泥资源化利用的成本收益分析的研究，丰富了技术与政策干预的社会经济和环境的综合影响评价。由于模型具有开放性，可以为其他处于工业化转型发展阶段的城市在资源、环境、经济协调发展的理论模型框架上提供一定的理论依据和参考价值。

1.2.2.2　现实意义

本书从处于工业化转型发展阶段的发展中地区福建省出发，对其污水污泥处理与可持续发展问题进行综合研究，通过动态模型模拟仿真，能够模拟出污水污泥处理技术选择和财政投资方案，以及该方案实施的社会经济环境影响，从污水污泥综合处理、产业规划、财政补贴、能源节约利用等方面提出福建省污水污泥最优化处理政策及区域发展建议。本书研究区别于以往对于污水污泥处理的现状研究和事后评价，能够为福建省在水资源和能源节约利用、环境污染减排复合约束下的污水污泥处理与社会经济可持续发展提供预警机制，为当地可持续发展规划的制定提供科学依据。

1.3　研究内容

本书利用可持续发展理论、循环经济理论和环境与自然资源经济学理论为指导，基于物质平衡、能源平衡、价值平衡理论和投入产出理论，构建福建省污水污泥处理综合政策动态实证模型，利用 LINGO 软件将数学模型转化为计算机语言。通过对模型参数和约束条件的改变设置多种情景，进行政策模拟实验，模拟期共 14 期（2012～2025 年）。选择最优情景，并对最优情景下的社会经济发展、水资源循环利用、能源再生利用、环境改善等趋势进行分析，提出福建省实现可持续发展的污水污泥处理综合政策建议。主要研究内容如下所述。

1.3.1　福建省社会经济环境及污水污泥处理现状分析

现状分析包括社会经济发展现状、污水污泥排放及处理现状、环境污染及能源消耗现状。通过对现状的分析，梳理各模型间的动态耦合关系，为模型构建提供现实依据。归纳福建省社会经济发展和环境污染控制的规划目标，为模型的约束条件提供数据参考。

1.3.2　福建省污水污泥处理综合政策动态模型构建

基于物质平衡、能源平衡和价值平衡理论，利用投入产出模型和动态最优化模型，构建污水污泥处理综合政策动态实证模型。该模型包括一个目标函数和社会经济发展模型，水资源平衡模型、能源平衡模型、水污染物质排放模型、污泥处置处理模型的相互连动的动态最优化模型。同时，设计包含污水污泥处理技术引入的综合政策方案，包括污水污泥处理技术的选择与地区分配、产业结构优化、财政补贴分配、资源节约利用等政策措施，将其作为内生变量引入模型，完成模型构建。

1.3.3　福建省污水污泥处理综合政策模拟

以福建省 2012 年的面板数据进行模拟，通过对污水污泥处理技术与政策组合进行政策调控，设置多种情景，对各种情景的社会经济发展、水资源及能源利用效率、环境效率和投资效率的发展趋势进行分析，选择福建省可持续发展的最优情景，并对最优情景下的水资源循环利用潜力、能源综合利用、社会经济发展和环境改善趋势、可持续发展能力进行分析与评价。

1.3.4 福建省污水污泥最优化处理政策和区域发展建议

根据政策模拟结果,从污水污泥技术选择及地区分配、产业发展规划、政府财政补贴和资源节约利用四个方面为福建省的污水污泥处理及可持续发展提出具有可操作性的政策措施和建议。

具体章节安排如下。

第 1 章绪论,介绍研究背景、研究目的及意义、研究内容、拟解决的科学问题、研究方法与技术路线、预期取得的创新性研究成果。第 2 章相关理论及研究现状。梳理环境经济管理的相关理论,包括可持续发展理论、循环经济理论和自然资源与环境经济学理论;对污水污泥资源化利用综合政策评价及污水和污泥处理技术评价研究进行归纳与总结,从中找到研究的切入点。第 3 章分析福建省社会经济环境和污水污泥排放处理现状,发现问题,归纳福建省社会经济发展、资源节约利用及环境污染控制目标。第 4 章构建福建省污水污泥处理综合政策动态模型。第 5 章进行政策模拟实验,通过情景设计,动态模拟福建省污水污泥处理综合政策对社会经济环境可持续发展的影响,选择最优情景,并对最优情景的发展趋势进行分析。第 6 章根据模拟实验结果提出适合福建省实现可持续发展的综合政策建议及具体实施方案。第 7 章结论,总结研究工作取得的成果并提出进一步研究计划。

1.4 科学问题

本书研究旨在解决福建省污水污泥资源化利用与地区经济增长、水资源及能源节约利用、环境污染改善间的均衡发展问题。为了解决这个科学问题，具体从以下三个子问题入手。

1.4.1　福建省污水污泥处理综合政策模型的科学构建

本书构建了包括一个目标函数、社会经济发展模型、水资源平衡模型、能源平衡模型、水污染物质排放模型、污泥处置处理模型的相互连动的动态最优化模型。因此，在理论模型的基础上，以福建省各市特征为依据，确定内生和外生变量及各变量之间和各子模块之间的动态耦合关系，检验关键系数稳定性，使模型充分拟合、逼近现实，是本书研究首要解决的科学问题。

1.4.2　福建省污水污泥处理综合政策的设定与定量化处理

为了更好地拟合样本地区福建省的现状，根据国家和福建省的产业发展规划、能源发展规划、环境保护规划、水资源利用规划等政策，以及国内外发展中国家及地区污水污泥处理等一系列政策与技术，将技术政策方案转化为可进行定量分析的内生变量加入动态模型中，从而分析与评价技术政策方案的实施效果，这是本书研究需要解决的关键科学问题。

1.4.3　福建省污水污泥处理最优技术与政策方案的提出

对现有技术政策体系与技术政策调整方案的实施效果分别进行模拟，综合评价福建省各子模型的动态发展，从社会经济可持续、水资源及能源有效利用、环境改善等方面，比较分析不同技术政策方案调整后的效用影响，并重点对模拟实验中得出的最优化结果进行分析和评价，选择福建省在水资源、能源利用及环境排放约束下，实现社会经济可持续发展的最优的污水污泥处理技术与政策方案，这是本书研究最终要解决的科学问题。

1.5 研究方法与技术路线

1.5.1 研究方法

1.5.1.1 文献调研法

通过文献调研，归纳处于工业化转型发展阶段的城市在资源、环境、经济系统的内涵特征；归纳、总结、评述现有的资源、环境、经济政策评价的理论、方法及研究成果；在区域经济学、产业经济学、资源环境经济学等理论基础上，通过文献调研，筛选各系统模型中需要的函数、变量及参数，为构建最优化动态模型提供理论依据。

1.5.1.2 案例分析法

选择处于工业化转型发展阶段的地区福建省作为案例，收集该省各市（区）的社会经济发展，水资源、能源利用，污水污泥处理，环境污染排放，节能减排规划及相关政策的资料和相关统计数据，进行动态模拟实验，检验综合评价理论体系和综合评价模型，并提出福建省污水污泥资源化利用及可持续发展的政策建议。

1.5.1.3 计算机动态模拟实验

运用 LINGO 计算机语言描述模型的逻辑结构，包括参数定义、方程描写，以及数据输入。通过 LINGO 软件进行动态模拟实验，并对实验结果进行对比和分析。通过模拟仿真，观察福建省的产业发展、水资源及能源供需、水污染物质排放、污泥处置处理等环节的动态变化，定量分析技术和政策组合方案对各市社会经济发展、水资源循环利用、污泥资源化处理及能源节约的综合效果，提出具体的、可行的、最优的技术与政策组合方案。

1.5.2　技术路线

第一，通过文献调研法对研究现状进行梳理，提出福建省污水污泥资源化利用及可持续发展的重要性。

第二，对可持续发展理论、循环经济理论、环境与自然资源经济学理论进行梳理，为模型构建提供理论基础；同时，通过实地调研，收集福建省各市（区）社会经济发展，水资源、能源利用，污水污泥处理及环境污染排放数据，对福建省社会经济环境发展现状进行分析，为模型构建提供理论基础和数据基础。

第三，结合福建省的系统特征，将技术与政策组合作为内生变量引入模型，构建包括一个目标函数、社会经济发展模型、水资源平衡模型、能源平衡模型、水污染物质排放模型、污泥处置处理模型的相互连动的动态最优化模型。对实证模型进行变量筛选与量化。通过 LINGO 软件，将数学模型转化为计算机语言，完成模型构建。

第四，通过情景设计，进行政策模拟实验。根据参数的变动，对技术引入与政策调整方案实施前后所引起的社会经济、水资源及能源平衡、水污染排放、污泥处置处理及其投资和环境效率进行情景分析，选择可持续发展的最优情景，并分析最优情景下的发展趋势。

第五，根据模拟结果，从污水污泥综合处理、产业规划、财政补贴、能源节约利用等方面提出福建省污水污泥最优化处理政策及区域发展建议。

具体技术路线如图 1-1 所示。

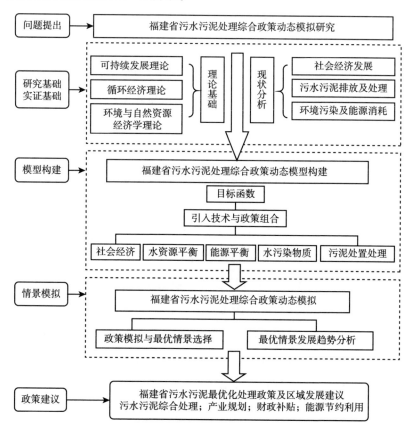

图 1-1 技术路线

1.6 创新性研究成果

本书基于可持续发展理论、循环经济理论、环境和自然资源经济学理论,以及物质平衡、价值平衡、能源平衡理论,利用投入产出表构建工业化转型发展阶段的地区福建省污水污泥处理综合政策动态最优化模型,利用 LINGO

计算机软件进行模拟实验研究，取得了以下创新性研究成果。

第一，城市污水污泥处理综合政策概念模型的设计。基于价值平衡理论、物质平衡理论、能源平衡理论，构建了包括一个目标函数、社会经济发展模型、水资源平衡模型、能源平衡模型、水污染物质排放模型、污泥处置处理模型的相互连动的动态最优化模型，引入技术与政策组合。该模型是结合了水资源供需、能源供需和环境污染排放的扩展模型，并在扩展模型中加入了污水污泥处理技术和政策干预及有利于实现可持续发展的节能减排约束，以实现在产业发展、水资源消耗、能源消耗、环境污染等多重约束下的污水污泥处理政策与可持续发展。

第二，福建省污水污泥处理综合政策动态实证模型的构建。根据福建省的实际数据，建立社会经济发展与水资源利用、人口增长、环境污染物排放和能源消耗间的动态耦合，针对福建省产业特征和水资源、能源利用情况，在模型中将污水污泥处理技术与政策方案量化。实证模型的构建具有唯一性。

第三，福建省污水污泥最优化处理政策及区域发展方案的提出。通过情景模拟进行政策调控，模拟仿真出在产业发展、水资源平衡、能源平衡、环境排放约束下的污水污泥处理技术与政策组合方案，包括基于新污水污泥处理技术引入选择、建设方案、产业结构调整、政府财政投资与补贴分配、能源节约利用的政策建议。本书研究区别于以往对于污水污泥资源化利用的现状研究和事后评价，能够为福建省的资源、环境、经济可持续发展提供预警机制。

第 2 章　相关理论及研究现状

　　研究福建省在水资源消耗、能源消耗、环境污染物排放等多重约束下实现地区经济可持续增长的污水污泥处理综合政策，需要资源环境经济管理相关理论、国内外污水污泥资源化利用政策评价及国内外污水污泥先进处理技术的研究综述作为指导，从而寻找本书研究的切入点。

2.1　资源环境经济管理相关理论

　　在本节中，对资源环境经济管理相关理论基础进行梳理和归纳总结，包括可持续发展理论、循环经济理论、环境与自然资源经济学理论。

2.1.1　可持续发展理论

　　可持续发展的概念来源于 18 世纪"自然平衡思想"（王森洋，1997），但直到 1962 年，美国海洋生物学家蕾切尔·卡逊《寂静的春天》一书的出版才使"可持续发展"得到重视。1972 年出版的《增长的极限》再次阐述了这种自然平衡的思想。1981 年，美国学者布朗首次提出了可持续发展的概念（杜也力，1997）。世界环境与发展委员会（WCED）在 1987 年发表的学术报告《我们共同的未来》中，将可持续发展定义为"可持续发展是既满足当代人的需求，又不对后代人满足其需求的能力构成危害的发展"。之后，学者们进一步从社会属性、经济属性、生态属性等角度补充了可持续发展的概念（汪安佑、雷涯邻等，2005）。

从社会属性来看，可持续发展是指寻求一种最佳的生态系统，以支持生态的完整性和人类愿望的实现，使人类的生存环境得以持续（马宗晋，1996）；从经济学属性来看，可持续发展应该在保证当代人福利增加的同时，不损害后代人的福利（Pearce & Warford，1993）；从生态属性来看，可持续发展和生态保护是一个整体（叶文飞，2001）。可持续发展的本质是一种生态发展（王强，2001）。生态属性的可持续发展定义以代际生态伦理为基础，核心思想是将人类看成共同体，在全球范围内配置资源和保护生态环境，实现资源的永续利用和环境的不断改善（吕红平，2001）。

在本书中，对可持续发展而言，生态持续是基础，经济持续是条件，社会持续是目的。人类共同追求的应该是"自然—经济—社会"复合系统的持续、稳定、健康发展。仍处于发展中阶段的城市社会经济发展，应当同时考虑资源承载能力、环境容量约束及生态价值的完整性，这是当代社会城市可持续发展的必然要求。

2.1.2 循环经济理论

"循环经济"是由美国经济学家波尔丁在 20 世纪 60 年代首次提出的，他认为只有实现对资源循环利用的循环经济，地球才能得以长存。从 20 世纪 70 年代开始，人们开始关心污染物和废弃物的无害化处理和资源化利用，

"循环经济"这一理念逐渐影响了人类的生产和生活。中国对于循环经济的研究始于 20 世纪 90 年代。21 世纪初，学者逐渐将"循环经济"理念引入资源型城市的可持续发展研究中。

循环经济要求遵循"减量化、再利用、再循环"为内容的行为原则。首先，要从源头上控制可产生的污染量；其次，对于进入生产和消费过程中的产品应尽可能地延长其时间强度；最后，当产品已不具备重复使用的可能性时，进行适当的加工处理，使其作为资源投入下一个生产环节中。因此，在生产和消费过程中应尽量减少资源消耗，充分合理地利用资源。在实际经济活动中，只有综合运用三原则才能充分发挥循环经济的经济效益和生态环境效益。

运用循环经济发展模式，能够合理地进行资源分配和再次循环，从而提高技术开发的效率。循环经济是缓解资源危机和保护环境的一次发展观的革命，它强调从源头上减少资源消耗、有效利用资源，减少污染物排放。在社会生产和消费过程中，谋求以最小的成本追求最大的社会经济和资源环境效益，这为工业化以来的传统经济转向可持续发展的经济提供了战略性的理论范式（沈镭，2005）。

城市循环经济模式分为企业层面、产业园区层面、城市和区域层面。国内对企业及产业层面的循环经济发展模式的探索和研究较多，主要以特定产业、行业或企业为基础展开。在城市和区域层面上，循环经济模式通常以污染预防为出发点，以物质循环流动为特征，以社会、经济、环境可持续发展为最终目标，最大限度地高效利用资源和能源，减少污染物排放。因此，要从产业体系、城市基础设施、人文生态和社会消费等方面，构建包括以工业共生和物质循环为特征的循环经济产业体系、包括水循环利用体系和能源体系等在内的基础设施，以及人文生态、绿色消费等相关软配套（张志杰等，2012），从而实现人口、资源、环境可持续发展。

本书研究中的循环经济理论主要用于指导发展中城市可持续发展过程中的污水污泥循环利用问题，以及社会经济发展过程中的污染物质减排、水资源及能源高效利用等问题。

2.1.3 环境与自然资源经济学理论

未来社会将同时面临资源稀缺和污染物不断累积的双重挑战。来自温室气体排放所造成的全球变暖，气温升高带来的生态系统恶化，以及水资源需求不断增加和供给能力有限的威胁，催生了环境与自然资源经济学。该学科建立在新古典经济学的标准范式之上，强调人类福利水平最大化和采用经济激励来调整破坏性的人类行为。该学科指出，环境为经济提供了原材料和能量，原材料可以通过生产过程转化为消费品，而能量使得这一转化过程顺利进行。最终，这些原材料和能量以废物的形式返回到环境中。

在关于污染物排放问题上，环境与自然资源经济学指出，市场存在配置失灵现象。人们已经过度使用大气、水资源、土壤的废物存放功能。污染物造成的损害具有外部性。在产业生产过程中，产量过高产生了大量的污染，导致污染的产品价格过低，只要存在外部性成本，市场就不会产生寻找降低单位产出污染方法的激励。由于污染物排入环境的成本低，污染物回收和再利用缺乏激励。污染排放和资源浪费造成的危害最终由社会整体承担，但排放者不承担这些成本，尽管把废物排入空气或水体是低效的，但对企业却非常具有吸引力。企业的逐利性本质驱使他们选择成本最小化，即不对污染物进行处理和不进行资源循环利用的成本投入。

自由市场不仅不能产生有效的污染控制水平和资源节约行为，而且惩罚了那些试图有效控制污染和进行资源循环利用的企业。因此，十分需要政府以某种形式进行干预。在进行政府干预时，效率和可持续性的结合对于指导政策制定是非常有益的。

2.2 污水污泥资源化利用方式及影响评价研究

2.2.1 污水污泥资源化利用方式研究

关于污水资源化利用，国内外研究主要集中在再生水循环利用方面。水资源循环是水资源开发的一种有效方式，部分学者对再生水循环进行分析，以保障社会经济活动的水资源供给。褚俊英等（Junying Chu et al.，2004）运用线性最优化模型评价区域再生水循环潜力，并考虑了成本收益、水价变动的效率。杨红等（Hong Yang et al.，2007）运用线性模型分析了多种驱动力和约束下的再生水利用潜力，对不同规模的污水处理和再利用的成本收益进行了预测。马赫迪·扎加米（Mahdi Zarghami，2010）构建了多目标优化模型，模拟实现水资源供给最大化、成本最小化和环境破坏最小化三重目标下的城市水资源供给方案。尼克·阿波斯托利迪斯等（Nick Apostolidis et al.，2011）探讨通过政策、管制和技术方面最大化再生水的循环利用。畅建霞等（Jianxia Chang et al.，2013）构建多目标模型，从水资源供需缺口最小化、水力发电最大化的角度分析水资源的有效利用。

关于污泥资源化利用，国内外污泥处置方式一般包括填埋、焚烧、投海和多种形式的资源利用等（宿翠霞，2010）。污泥资源化利用，既可以产生一定的经济效益又可以避免对环境产生二次污染（胡佳佳，2009）。国内外主要的污泥资源化利用方式包括土地利用（农林堆肥和土壤修复）、建材利用（制砖和陶粒）、能源利用（燃烧发电和厌氧消化沼气发电）等（王菲，2013）。而由于污泥中所含重金属等污染物质很难去除或者达到国家排放标准，因此在土地利用和建材利用等方面存在一定的风险（聂静，2006）。污泥燃烧发电和厌氧消化都有广泛的应用，焚烧是污泥处理方式中能最彻底去除污泥中所含污染物质的方法，特别适合土地资源少、人口密度大的地区（班福忱，2006）。在 2005 年之前，日本超过 60% 的污泥都进行燃烧处理（熊帆，2005）。徐常青（Xu，2014）利用生命周期法，分析了 13 种污泥处理情景，认为污泥厌氧发酵的处理方式既可以减少污泥体积又可以利用沼气发电，可以实现经济和环境的协调发展，是比较适合我国的污泥资源化利用方式之一。

总之，污水污泥资源化利用是发展循环经济和实现可持续发展的重要内容之一，即可以节约资源、减少环境污染，又有一定的经济效益。污水污泥资源化利用是必然选择。

2.2.2　污水和污泥处理技术研究

在污水处理方面，膜生物反应器（MBR）污水处理技术是当今最先进的污水处理技术之一，在我国已经被广泛使用。对该技术的评价，从研究内容上看，新文会（Nieuwenhuijzen，2008）认为，MBR 技术的研究分为四个方面——膜污染研究、污染物质去除效率研究、能源消耗研究和综合成本研究。木村（Kimura，2005）、勒 – 克莱赫（Le-Clech，2006）、孟（Meng，2009）、约翰 – 保罗（Nywening John-Paul，2009）认为，前两种研究侧重于寻找一种技术工艺最大限度地减少膜污染和提高水污染物质去除效率。吉恩（Lesjean，2002）、木村（Kimura，2005）、梁（Liang，2010）、莱拉（Laerae，2012）认为，后两种研究侧重于对技术本身能源消耗和投资成本等方面的评价。克里姆柴斯里（Chriemchaisri，1993）、特鲁夫（Trouve，1994）、尤娜（Yoona，2004）等认为，高运行成本和高能源消耗是制约 MBR 技术应用的主要原因，需要经过综合的经济和环境效率评价，以此推动 MBR

技术的应用。欧文（Owen，1995）、丘乔斯（Churchouse，1997）、甘德（Gander，2000）、张（Zhang，2003）、科特（Côté，2004）、弗莱彻（Fletcher，2007）等利用技术经济评价法研究了 MBR 投资规模、运行成本和能源消耗，通过比较各种不同技术路线找到最经济的 MBR 工艺组合。但是，这种评价方法忽视了 MBR 污水处理技术对环境的综合影响。唐苏库尔（Tangsubkul，2005）、林（Lin，2011）利用生命周期评价方法，综合评价了 MBR 污水处理技术的运行成本、能源消耗及对环境的影响。但是，这种评价方法对经济的评价，侧重的是技术本身的投入和运行成本，没有考虑到这种技术应用后对其他行业经济发展的影响。

在污泥处置方面，污泥发电是城市污水处理厂进行污泥合理开发利用的技术措施之一，是污泥实行减量化、稳定化、无害化、资源化的良好方法。本书选取污泥燃烧发电和厌氧消化产生沼气发电两种资源化利用方式。下面分别综述污泥厌氧消化技术和燃烧技术的研究和应用进展。

污泥厌氧消化技术是利用兼性菌和厌氧菌进行厌氧生化反应，分解污泥中的有机物质，同时产生沼气的一种污泥处理工艺。沼气回收后可以用于燃烧发电或供热，也可以将沼气加工成工业原料，消化后的污泥经脱水和无害化处理后，可制成有机肥或作为水泥厂、燃煤电厂的辅助燃料（李琳，2013）。污泥厌氧消化及沼气发电技术为实现一个"低能耗、低污染、低排放"的污水处理厂提供了可能性（靳云辉，2012）。

1979 年，布莱恩特等根据微生物种群的生理分类特点提出了厌氧消化原理和反应过程的"三阶段理论"，厌氧消化依次分为水解及酸化阶段、乙酸化阶段和甲烷化阶段（曹秀芹，2008）。目前，污泥厌氧发酵产生沼气发电的技术主要侧重于改善污泥的厌氧消化性能，以提高反应效率、污染物去除率和沼气产生率（何汪洋，2013；贾舒婷，2013；张丽丽，2014）。污泥厌氧消化不仅可以去除水污染物质，产生沼气发电，还可以减少温室气体排放（杭世珺，2013）。目前，污泥厌氧发酵产生甲烷发电技术已经被广泛应用到国内外的污水污泥处理厂中，例如，比利时 67%、丹麦 50%、德国 64%、日本 34.5% 的污水污泥均利用厌氧消化技术进行处理（谷晋川，2008；池勇志，2011）。

污泥干化燃烧发电是利用焚烧炉将脱水污泥加温干燥，燃烧，并利用燃烧产生的热量发电的一种污泥处理和资源化利用技术，是处理城市污水污泥最彻底的有效途径（李军，2006）。

早在 20 世纪 40 年代，日本和欧美的一些国家就开始研究在污泥的干化处理中利用直接加热式转鼓干燥器，随之又研发出了更加安全、环保、经济可行的间接干化设备。20 世纪末开始，污泥干化燃烧技术研究迅速发展，现已经成为污泥处理处置主流技术之一（王刚，2013）。目前，日本已经有 60% 以上的污泥进行了燃烧处理，欧盟也有超过 36% 的污泥进行燃烧处理（熊帆，2005）。我国对污泥燃烧技术的研究虽然起步较晚，但也取得了一定的成果，浙江大学设计的污泥焚烧炉已经出口到韩国（李晓东，2002）。目前的研究多侧重于污泥燃烧的特性研究和动力学研究，以提高污泥燃烧效率（赵改菊，2013；刘敬勇，2014）。总之，污泥发电既可以实现污泥的无害化处理又可以回收利用能源，在技术上是可行的。

2.2.3　污水污泥资源化利用政策影响评价

关于污水污泥资源化利用的政策影响评价，从研究内容上看主要包括两个方面：一是对污水污泥处理进行成本和收益分析，单独评估某种污泥处理方式取得的经济效益；二是综合考虑污水污泥处理产生的环境效益和经济效益。从评价方法看主要包括成本收益分析方法、层次分析法和生命周期法等。

金和派克（Kim & Parker，2008）、史骏（2009）对污泥处理进行了技术经济评价，从成本和收益角度评价了污泥处理的投资和运行成本，但是这种评价忽略了污泥资源化利用的政策影响评价。毛焕等（2010）利用层次分析法，通过专家打分，对污泥处理进行了经济和环境影响综合评价。但是，专家打分法过于主观，不同的专家对问题看法不同、评价也不同，很可能造成不同专家组得出不同结论，使评价结果不一致。默里（Murray，2008）、杨红（Hong，2009）、恩里卡（Enrica，2011）、徐常青（Xu，2014）、米尔斯（Mills，2014）利用生命周期法对污泥处理的经济和环境影响的综合评价，但是这种评价方法不能进行预测，经济评价内容只考虑了技术投资和运行成本，没有考虑到污泥处理引入对其他产业经济发展的影响。

总之，从目前的研究内容看，大多数学者在进行污水污泥环境经济评价研究时，侧重污水污泥资源化利用的成本收益分析，忽略了其对社会经济和环境的综合影响评价研究。同时，从前人的评价手段来看，缺少利用动态模拟评价方法对污水污泥资源化利用所产生的社会经济环境影响进行综合研究。

2.3　资源循环利用综合政策模拟研究方法

技术和政策干预能够有效地提高污水污泥再利用水平（Y S Nyam et al.，2021；修红玲等，2020）。产业结构优化升级能够有效地调节水资源分配结构（Xu et al.，2018）、能源利用效率（戴俊和傅彦铭，2020）和污染物排放程度（Zhou et al.，2017），以此来缓解水资源压力、控制能源利用强度和释放环境压力。对区域污水污泥再利用综合政策及影响进行模拟预测，不仅要对技术进行优选，还要综合考虑社会经济发展、人口增长、环境约束，以及技术引入和政策干预的综合影响，需要借助系统研究工具。目前，用于模拟资源循环利用综合政策的系统工具主要有系统动力学模型、可计算一般均衡模型和动态最优化模型。

2.3.1　系统动力学模型

2.3.1.1　系统动力学理论基础

系统动力学（system dynamics）是一门分析研究信息反馈系统的学科，也是一门认识系统问题和解决系统问题的交叉的综合性的新学科。系统动力学是美国麻省理工学院以福瑞斯特（Forrester）教授为首的系统动力学小组于 20 世纪 50 年代创立并逐步发展起来的一门学科。在 20 世纪 60 年代，一批具有代表性的理论和应用成果的论著相继问世。1961 年，福瑞斯特教授著作出版了《工业动力学》（*Industrial Dynamics*）一书，阐明了系统动力学的基本原理和应用案例；1968 年，他著作出版的《系统原理》（*Principles of Systems*）介绍了系统的基本结构；1969 年的《城市动力学》（*Urban Dynamics*）集中反映了其在城市规划和发展、城市人口变迁以及环境污染等方面的研究成果，这些都为系统动力学的创立和发展奠定了基础。

系统动力学是借用数字计算机对随时间变化的系统行为进行模拟仿真及数据处理。所谓系统仿真，是对现实状况或系统在整个时间内运行的模拟，仿真包括建立模型和对模型进行试验、运行两个过程（汪应洛，1998）。构造一个物理模型进行试验，称为物理仿真，即实物仿真。在计算机上模拟系统的变化、收集数据得到各种结果。采用系统动力学方法进行仿真处理要确定系统研究的目标，将系统作为信息反馈系统来研究，并分析研究与问题有关的各因素、各个子系统之间的因果关系，根据这些关系建立模型。

2.3.1.2　系统动力学研究现状

系统动力学研究的是复杂系统的反馈结构，擅长处理非线性时变的多重反馈问题，所要求的数据精确度不高，即使在数据不足的情况下，仍可以进行研究，比较适合长期、动态、战略性的研究。因此，这种建模方法是研究复杂的能源、环境、经济系统协调发展的一种重要的定量分析工具。在城市环境管理领域，学者们运用系统动力学模型研究城市污染与社会经济进步和环境承载力的关系，探讨是否能采用谨慎的财政政策从而改变城市环境质量（Gaia，1987；Andrew Ford，1999；Brian Dyson & Nibin Chang，2002）。相比环境科学领域，系统动力学在城市环境管理领域应用更为广泛。在城市发展领域，尤其是可持续发展问题上，越来越多的学者对其进行了研究。他们运用系统动力学理论，研究在城市发展过程中，如何使城市经济、社会和环境协调发展，解决日趋严重的城市社会经济与环境污染间的矛盾。由于城市发展不平衡，产业发展与环境保护间的对立统一等社会问题，已成为系统动力学在城市发展政策决策中应用的焦点之一（Wang et al.，2007）。

　　我国关于系统动力学研究起步较晚，比美国晚 20 年左右，比日本晚 10~15年。已有学者运用系统动力学方法，研究山东、河南、江苏等省的可持续发展问题，建立了以省为单位的经济—资源—环境协调发展系统动力学模型（黄贤凤，2005；何有世，2008）。也有学者运用系统动力学对区域工业产业发展系统、技术开发区等中微观层面的经济产出、物质消耗、污染排放等系统进行动态模拟仿真（刘璟，2009；王瑾等，2011）。近年来，系统动力学方法也被学者广泛运用到研究多系统作用下的区域水资源循环利用问题（王吉萍，2016）、资源和能源供应风险（Gastelum et al.，2018）、可再生能源利用潜力（R. Ramos-Hernandez et al.，2021）等问题。可见，系统动力学在与人文学科交叉领域的优势使得群体建模（group modeling）、政策设计和优化城市发展策略的实施已成为研究方向之一，从某种意义而言，系统动力学的应用已成为相关参与者进行城市决策管理和制定和谐发展机制的重要途径与有效工具。但它无法在多方政策干预和目标约束下获得具体可操作的策略方案。

2.3.2　可计算一般均衡模型

　　可计算一般均衡（computable general equilibrium，CGE）模型是一个基于

新古典微观理论且内在一致的宏观经济模型（Roland-Holst，van der Mensbrugghe，李善同等，2009），目前在国内外科研机构、高等院校和政府机构中得到了广泛研究、应用和发展。

2.3.2.1 一般均衡理论和 CGE 模型的演进

一般均衡理论是经济学的著名理论之一，它从人们的偏好、技术和禀赋的基本假设出发，建立了关于经济系统均衡的存在性、稳定性和唯一性的公理化体系。一般均衡的概念最早可追溯到亚当·斯密在《国富论》中对"看不见的手"的形象描述。19 世纪末，英国经济学家阿尔弗雷德·马歇尔把物理学概念"均衡"引入经济学中，描述经济系统中各种对立的、变动着的力量处于一种力量相当、相对静止、不再变动的状态（曾菊新，1996）。一般均衡理论的起源通常认为是法国经济学家里昂·瓦尔拉斯在 1874 年出版的《纯粹经济学要义》（*Elements of Pure Economics*）。他在书中提出了一组线性方程式，表达消费者和生产者的最优化行为在一定条件下能够并将导致该经济体系中每个产品市场和要素市场的需求量和供给量之间的均衡（杜玉明，2004）。现代意义上的一般均衡理论研究始于 20 世纪 30 年代，希克斯（Hicks，1939）在专著《价值与资本》中摒弃了瓦尔拉斯一般均衡的传统理论，就商品、生产要素和货币整体性提出了一个完整的均衡模型，进一步完善了原有的消费和生产理论，阐明了基于利润最大化假设的资本理论。到 20 世纪五六十年代，经过瓦尔德（Wald，1951）、阿罗（Arrow，1952）、阿罗和德布鲁（Arrow & Debreu，1954）、阿罗和赫维茨（Arrow & Hurwicz，1958）、德布鲁（Debreu，1959）、麦肯齐（McKenzie，1959）、约翰森（Johansen，1960）、德布鲁和斯卡夫（Debreu & Scarf，1963）、哈恩和根岸（Hahn & Negishi，1962）、斯卡夫（Scarf，1967）、斯卡夫和汉森（Scarf & Hansen，1973）等学者们的开创性研究，利用数学方法在相当严格的假设条件下证明了一般均衡存在稳定的且满足经济效率要求的均衡解，使一般均衡从抽象模型成为实用的政策分析工具（Bandara，1991；李子江，1995；斯塔尔等，2003）。

在综合相关文献的基础上，赵永和王劲峰（2008）将 CGE 模型界定为：考虑所有市场之间、具有行为最优化的多个经济主体之间以及经济主体和市场之间相互联系的数值模拟模型。"可计算（computable）"的意义是，CGE 模型可以量化外部冲击或政策变动对经济的影响，为实际的经济政策提供数量分析。"一般（general）"是指把经济内部相互联系和依存的各组成部分看作一个整体，这些经济主体通常是追求效用最大化的居民，以及追求利润最大化或成本最小化的企业，也可以包括政府、贸易行为的最优化，这些主体行为通过经济学函数（如生产函数、消费函数、国际贸易函数等）设定对价格变动做出反应，从而清楚地识别冲击（shock）对各组成部分造成的影响，并找出原因。它体现了经济系统各组成部分的普遍联系。"均衡（equilibrium）"包括经济主体在预算约束下的消费均衡、宏观经济变量均衡，以及商品和要素市场的供需平衡，描述了不同经济主体的供需决策如何决定商品和要素的价格，价格调整使总需求不超过总供给，最终形成一组均衡价格，在均衡价格下所有的经济变量都不再变动（Dixon，Parmenter，1996；Dixon，2006；Burfisher，2011）。在 CGE 模型中，经济部门的行为是基于微观经济的最优化原则，而模型模拟则立足于衡量不同均衡状态下的经济效应（Boero et al.，1991；Folmer et al.，1995；Zhang，1996）。CGE 模型的价值在于为分析者提供一个在复杂而详细的框架下运用数值模拟的机会，而不受限于一个小规模、简单的分析模型（Shoven，1992）。在政策分析中，CGE 模型已经非常典型地应用于不同的"情景"分析中衡量不同的政策变化对于经济的影响效应。情景也可以建立在对模型中外生变量或参数的调整中，反映意图中或者经验中的变化（Scaramucci et al.，2006）。情景设计并不需要基于现实，更多是为政策制定者提供一种政策变化的潜在影响的强度水平（Devarajan & Robinson，2013）。

2.3.2.2 CGE 模型的特点和运用

CGE 模型是把微观经济学各种经济主体的行为描述纳入一个由价格驱动

的市场机制框架内，这是 CGE 模型最强有力的特点（Borges，1986），主要涉及的经济理论如下。

（1）一般均衡理论。整个市场体系有一组均衡价格，保证所有市场供求都相等，经济主体唯一地根据价格信号做出最优的行为选择，刻画了不同的生产要素之间的替代关系以及商品需求之间的替代和转换关系，将供给、需求、贸易和价格有机地结合在一起，反映了不同经济主体在不同市场之间相互作用的价格依赖性（Böhringer et al.，2004）。在一般均衡状态下，居民效用最大化与生产部门利润最大化同时实现：在预算约束下求解居民效应最大化可得居民对商品的需求函数和要素的供给函数；在现有技术条件下求解生产部门利润最大化可得商品供给函数和要素需求函数（张欣，2010）。

（2）生产理论。在社会经济系统中，生产是所有经济活动的基础。描述生产行为的最基本函数是生产函数，它是新古典经济学范式的核心。生产函数描述了要素投入以何种方式组合起来，从而将资源与投入转化为商品和服务的过程。常见的生产函数形式有常替代弹性函数（constant elasticity of substitution，CES）、柯布道格拉斯（Cobb-Douglas）函数、里昂惕夫（Leontief）函数（Roland-Holst，van der Mensbrugghe，李善同等，2009）。

（3）效用理论与消费者行为。经济学中的一个基本范畴是经济人假设，即将理性视为主体选择的行为准则，具体表现为行为主体效用最大化。在现代经济学中，居民效用被视为一组消费商品的函数，因此可以将居民选择看作在预算约束下的可选择商品集的效用函数最大化问题（张军，2002）。CGE 模型中常用的效用函数有 CES 效用函数、Cobb-Douglas 效用函数、Stone-Geary 效用函数等。

（4）最优化理论。经济生活中的决策行为都可以归为最优化问题，如居民对商品进行选择时，可以视为一个收入约束下的效用最大化问题；生产部门在生产过程中投入要素时，可以看作一个成本约束下的产出最大化问题，或既定产出下的成本最小化问题，而在市场条件中决定其产出时，可视为一个利润最大化问题（张军，2002）。

（5）边际条件理论。一般均衡状态下使资源获得最优配置需要满足一系列的边际条件：①居民效用最大化的均衡条件，即居民选择最优的商品组合，使自己花费在各种商品上的最后一元钱所带来的边际效用相等。②生产部门利润最大化的均衡条件。在短期技术约束条件下，生产部门增加一单位产出所获得收入增量等于所引起的成本增量，即生产的边际收益等于边际成本；在长期，生产的平均成本降到长期平均成本的最低点，商品价格也等于最低的长期平均成本，单个生产部门的利润为零（高鸿业，2010）。

（6）国民收支均衡理论。CGE 模型中包含了宏观经济理论中三个最重要的国民经济核算恒等式［见式（2－1）至式（2－3）］，表达了国民经济核算中最重要的平衡，即总储蓄＝总投资。式中，C 为居民消费、I 为投资、G 为政府支出、Y 为国民收入、S 为储蓄、T 为税收、NX 为国外需求（也即国际贸易差额）（多恩布什，费希尔，斯塔兹，范家镶等，2000；张欣，2010）。

$$C + I + G + NX = Y \qquad (2-1)$$

$$C + S + T = Y \qquad (2-2)$$

将上述公式合并，有：

$$I = S + (T - G) + NX \qquad (2-3)$$

CGE 模型兼容了投入产出、线性规划等方法的优点，把商品市场和要素市场通过价格信号有机地联系在一起。同时，CGE 模型用非线性函数取代了传统投入产出模型中的许多线性函数，在投入产出模型所体现的生产部门的商品供给与需求基础上引入了要素报酬在各经济主体之间（如企业、居民、政府等）的一次收入分配，以及各经济主体之间的二次收入分配（如税收和转移支付等）。在一般均衡的分析框架下，外生冲击或政策变动所引起的相对价格变动会影响经济主体的最优化决策行为，CGE 模型充分运用了各经济主体之间的交易信息来捕捉经济系统中生产部门和各机构主体的复杂联系与相互作用的传导和反馈机制（郑玉歆、樊明太，1999）。因此，CGE 模型能够描述经济复杂系统各种经济主体之间的相互联系和运作机理，解释现象发生的原因，也更准确地预测未来经济发展的趋势（赵永、王劲峰，2008）。

近年来，多有学者采用可计算一般均衡模型方法研究水资源供给短缺的经济影响（Berrittella M. et al.，2008），还有学者从各类水资源供给的成本角度来研究经济增长和水资源供给的关系（Luckmann J. et al.，2014）。随着水资源短缺问题日益严重和污水处理的发展，CGE 也被用来预测再生水循环利用潜力及其经济成本（Luckmann J. et al.，2016）以及排污税问题（Hassan R. & Kyei C.，2019）。CGE 更侧重于用来描述包含内在价格机制的部门间的经济相互作用，并对市场做出反应。

2.3.3　动态最优化模型

动态最优化模拟研究方法将投入产出模型与线性规划方法相结合，以下分别对这两个概念进行阐述说明。

2.3.3.1　投入产出模型

20 世纪 30 年代，美国经济学家瓦西里·列昂惕夫（Wassily Leontief）首次提出了投入产出法。投入产出法是在国民经济划分为若干个部门或产品的基础上，研究这些部门或产品之间相互依存、相互制约的数量关系的一种经济数学方法。

艾尔斯和尼斯（Ayres & Kneese，1969）的物质平衡方法提出了资源环境经济系统生成剩余的普遍性，因此在研究宏观经济与环境问题时，人们很自然地去探讨把像剩余处理和开采这样的环境服务加入综合的区域经济模型框架中的可行性，从而产生了把投入产出模型的应用扩展到检验经济活动与污染物排放的关系上（Cumberland & Stram，1976）。在 20 世纪 60 年代末、70 年代初，经济学家已经提出将投入产出模型扩展来表示环境与经济活动之间的相互作用（Cumberland，1968；Daly，1968；Isard，1969；Victor，1972；Hite & Laurent，1972；），其中里昂惕夫提出的扩展受到了特别的关注（Leontief，1970，1973；Flick，1974；Steenge，1978；Lowe，1978；Moore，1980；Lee，1982；Rhee & Miranowski，1984）。

基于构建于备受推崇的联合国制造与吸收矩阵分类体系（United Nations，1968）上的会计框架，维克托提出了投入产出模型的一种更加全面的扩展形式，其基本设计框架见表 2 - 1。

表 2 - 1　　　　　　　　　　　扩展的投入产出表

输出	接收				环境：空气、土地、水
	商品	产业	最终需求	总计	
商品		产业的商品投入	对最终需求的商品投入		使用最终需求中的商品造成的剩余排放
产业	产业的商品产出				产业的剩余排放
初级投入，进口品					
总计					
环境：空气、土地、水		对产业的开采和娱乐活动的投入	对最终需求的开采和娱乐活动的投入		

该商品—产业方法是把剩余作为生产和消费活动的副产品的最适合的模型。在剩余作为特定投入进入模型的情况下，采用商品技术是最合适的，即剩余在生成它的产业中具有与商品相同的投入结构，而与生产的商品无关。商品产业分解得越细，剩余生成的固定系数的假设越现实。维克托的商品—产业方法，使剩余通过固定排放系数与产业产出紧密关联。通过假设每个产业在部门产出中制造固定比例的剩余，并对最终需求种类进行类似的假设，可将产业—产业的投入产出模型扩展到涵盖剩余的生成。假设剩余的生成等

同于剩余的排放，即改造活动内在化于部门生产技术中。矩阵 D^a 中的元素 d_{ij}^a 表示在产业 j 中每单位产出所生成的剩余 i，排放到环境受体 a（a 表示空气、土地、水）中的转移系数；矩阵 F^a 的元素 F_{ik}^a 表示由第 k 类最终需求中生成的剩余 i 排放到环境受体 a 中的转移系数，以上两矩阵可被直接加入投入产出模型的标准求解过程中，以得到与最终需求清单相对应的剩余总数：

$$Z^a = D^a + (I-A)^{-1}Y + F^aY = T^aY \qquad (2-4)$$

其中：

 Z^a 为剩余向量，其元素为 Z_i^a；

 a 为空气、土地、水，i = 剩余类型；

 D^a 为固定排放系数矩阵，元素 d_{ij}^a 在基年用 Z_{ij}^a 计算；

 X_j 为产业 j 的产量；

 A 为固定投入产出系数的技术矩阵，元素 a_{ij} 用 V_{ij}/X_j 计算，其中，V_{ij} 为从部门 i 到部门 j 的中间输出量；

 Y 为最终需求向量（包括进口品），元素为 Y_k；

 F 为固定排放系数矩阵，元素 f_{ik}^a 在基年用 Z_{ij}^a/Y_k 计算；

 T^a 为总最终需求的排放系数矩阵，元素 t_{ik}^a 表示每单位最终需求 k 排放到环境受体 a 中的剩余 i 的总量。

 投入产出经济模型由于其逻辑结构以及与物质平衡的物理概念的一致性，从而为构建必要的经济—环境政策选择模型，提供了一个前景良好的基础（Cumberland & Stram，1976）。式（2-4）可被作为预测将来剩余排放水平的基础。加入一个预测的最终需求向量，可直接产生相关的剩余排放水平。一般地，剩余排放矩阵能引入任何区域多部门增长模型中，以估计不同增长路径带来的污染后果。福森德和斯特拉姆（Forsund & Strom，1974）在多部门增长模型的基础上，模拟了 26 个生产部门通过中间输出而产生的相互依赖，但关于资金和劳动力投入，固定系数的假设被柯布—道格拉斯（Cobb-Douglas）类型的新古典主义生产函数所代替。模型的主要结果是外生决定的部门产品产出的增长率、产品价格和各部门分配的劳动力和资本。模型一般都会得出产业的非比例扩张。由于一次产业部门的相对缩减以及服务行业在经济中的份额增加，几种重要的污染物的增长速度明显低于国民经济的平均增长率。各种可能减少污染生成的行为将改变排放系数。投入产出模型提供了一个评估由于改造活动、新技术的投资等引起的排放系数的改变所造成的影响的一致框架（尼斯、斯威尼，2007）。

2.3.3.2　线性最优化模型方法

线性最优化模型被广泛应用于经济、交通运输、商业、国防、建筑、通信、政府机关等各部门各领域的实际工作中。它主要解决最优生产计划、最优资源分配、最优决策、最优管理等最优化问题。最优化数学模型具有开放性、变量多的特点，虽然只有一个目标函数，但在多约束条件下进行的求解能够满足实现多目标的需求。

在最优化问题中，由多个决策目标和约束条件共同组成的函数关系，一般常见的形式如下：

$$\text{Maximize } y = f(x) = (f_1(x), f_2(x), f_3(x)) \qquad (2-5)$$

$$S.t.\ e(x) = (e_1(x), e_2(x), e_3(x)) \qquad (2-6)$$

其中，$f(x)$ 为目标函数；$e(x)$ 为限制条件。

通过线性最优化建模求解可以解决两个问题：第一是求出在多重约束条件下函数的最大值或最小值；第二是求出取得极值时的模型中各变量的取值。本书研究就是在水资源约束、节能减排约束条件下对地区生产总值的最大化求解，并求出得到地区生产总值最大化时的产业产值、水资源配置、污水污泥处理技术选择及建设、财政补贴金额、区域分配等变量的取值。

2.3.3.3　动态最优化方法研究现状

动态最优化模型综合运用动态投入产出模型与线性最优化方法，将"自顶向下"的宏观环境经济评价模型与"自底向上"的技术评价模型有机结合（Yang et al.，2021）。线性最优化投入产出模型能够用来模拟水资源和经济系统、环境系统间的相互关系从而对技术和政策干预效果进行分析。投入产出模型可以描述一个地区最终消费者与生产部门之间的经济交易（Gastelum et al.，2018），通过使用与生产水平相关的"污染或消耗强度"向量来评估环境影响（Winz et al.，2009）。动态投入产出模型结合资源环境约束能够从动态经济的视角来研究资本形成、产业生产活动和部门间物质流动的关系（Bekchanov et al.，2017；Zhou et al.，2016）。

投入产出分析与线性最优化方法相结合的动态最优化模型，既可以放宽投入产出模型的等式关系，从经济意义上扩大最优方案选择的范围，又能将资源、环境、生产技术等限制因素作为约束条件以不等式的形式与经济系统相联系，使模型变量设定和边界定义更贴近现实（Higano & Sawada，1997；Higano & Yoneta，1999；刘起运等，2011），从而帮助确定有效的经济和环境策略，以此来控制不同策略产生的宏观经济影响和环境效应（Berrittella et al.，2007）。动态最优化模型可以将资源有效利用目标与经济生产、社会发展规划相结合，寻找实现资源有效利用、经济增长、环境改善等多重目标的最优方案。目前，投入产出模型结合线性规划方法已经被用来研究包含技术和政策方案引入的城市污水治理问题，如区域再生水循环利用（Hassan et al.，2019）、水污染物质减排（Zhang et al.，2013；Yang et al.，2016）、水源涵养（Song et al.，2018）等，以此提出社会经济增长、资源约束、环境改善等多目标均衡发展的最优方案组合（Ke et al.，2016；Hao et al.，2020）。

综上所述，系统动力学可以提供一个综合系统来研究资源问题，但它无法在多方政策干预和目标约束下获得具体可操作的策略方案。一般均衡模型和动态最优化评价模型能够用来模拟水资源和经济系统间的相互关系从而对政策干预效果进行分析，但一般均衡模型更侧重于用来描述包含内在价格机制的部门间的经济相互作用，并对市场作出反应。动态最优化模型综合运用动态投入产出模型与线性规划方法，将"自顶向下"的宏观环境经济评价模型与"自底向上"的技术评价模型有机结合，投入产出模型结合线性规划方法可以帮助确定有效的经济和环境策略，以此来控制不同策略产生的宏观经济影响和环境效应，更加适用于本书研究的主题和方向。

因此，本书研究采用动态投入产出模型结合线性规划方法，建立既可详细评价区域污水污泥资源化利用的技术和政策方案，又能评价其与经济、能源和环境系统间的相关关系的动态最优化综合评价模型。通过设计一系列的控制目标、调控措施等要素，探索实现区域可持续发展的投入产出关系，以及兼顾区域经济效益、水资源循环利用和污泥资源化利用的最优方案组合。

2.4　小结

通过上述研究综述，可以发现以下两点。

（1）在研究内容上，关于水资源循环利用、污泥资源化利用的方式、技术的相关研究已经引起国内外专家和学者的广泛关注，对污水污泥循环利用相关技术的经济效益、环境影响等问题也取得了丰富的成果。

从现有研究可以看出，目前在全球范围内，膜生物反应器因其占地面积小、产水水质高和剩余污泥少等优点，被广泛应用于污水处理和水资源再利用领域，尤其在生活污水和工业废水处理领域（任鹏飞等，2017）。污泥发电是城市污泥再利用的技术措施之一，是污泥实行减量化、稳定化、无害化、资源化的有效方式。国内外利用污泥发电主要采用污泥厌氧 – 甲烷发电技术和污泥干化燃烧发电技术（谢昆等，2020；Vipin Singh et al.，2020）。厌氧消化因其能耗低、含碳量少、污泥总体面积小、产甲烷量高等优点得到广泛应用（Xu Qiuxiang et al.，2017），焚烧处理能减小污泥体积，降低毒性，且焚烧产生的高温烟气热能可用来供热及发电，但基建投资费用高、能耗较大、设备维护费用高（Vipin Singh et al. , 2020），需要兼顾经济、环境效益来选择合适的污水污泥处理方式和资源化利用技术方案。

关于污水污泥资源化利用技术的影响评价方面，大多数学者侧重污水污泥资源化利用的成本收益分析，忽略其对社会经济和环境的综合影响评价。同时，从评价方法来看，以静态评价为主，缺少利用动态模拟预测的方法对污水污泥资源化利用所产生的社会经济环境影响进行的综合影响评价。然而，要对某一区域污水污泥再利用综合政策及影响进行动态模拟预测，不仅要对技术进行优选，还要综合考虑社会经济发展、人口增长、环境约束，以及技术引入和政策干预的综合影响。

（2）在研究方法上，目前用于模拟资源循环利用综合政策的系统工具主要有系统动力学模型、可计算一般均衡模型和动态最优化评价模型。三种模型方法各有侧重，其中动态最优化模型综合运用动态投入产出模型与线性规划方法，将"自顶向下"的宏观环境经济评价模型与"自底向上"的技术评价模型有机结合，投入产出模型结合线性规划方法可以帮助确定有效的经济和环境策略，以此来控制不同策略产生的宏观经济影响和环境效应，更加适用于本书研究的主题和方向。

为此，本书研究在可持续发展理论、循环经济理论、环境与自然资源经济学理论的指导下，以区域污水污泥资源化利用与城市可持续发展为研究对象，建立既可详细评价区域污水污泥资源化利用的技术和政策方案，又能评价其与经济、能源和环境系统间的相关关系的动态最优化综合评价模型。通过设计一系列的控制目标、调控措施等要素，探索实现区域可持续发展的投入产出关系，以及兼顾区域经济效益、水资源循环利用和污泥资源化利用的最优技术和政策方案。

第3章　福建省社会经济环境及污水污泥处理现状分析

3.1　福建省社会经济发展现状

福建省地处我国东南部、东海之滨，东隔台湾海峡与台湾相望，东北与浙江省毗邻，西北横贯武夷山脉与江西省交界，西南与广东省相连，连接长江三角洲和珠江三角洲，是我国重要的出海口，也是我国与世界交往的重要窗口和基地。全省陆域面积 12.4 万平方千米，海域面积 13.6 万平方千米，现辖福州、厦门、莆田、泉州、漳州、龙岩、三明、南平、宁德 9 个设区市和平潭综合实验区（平潭县）。

3.1.1　福建省社会发展现状

福建省统计局的数据显示，自 2007 年以来，福建省年末常住人口不断上升，由 2007 年的 3612 万人增长到 2019 年的 3973 万人，其中城镇人口由 1856.6 万人增长到 2642 万人，城镇人口占全市年末常住人口比重（城镇化率）由 2007 年的 51.4% 上升到 2019 年的 66.5%。随着城镇化水平的稳步发展，农村人口由 2007 年的 1755.4 万人下降到 2019 年的 1331 万人，农村人口占全省常住人口比重由 2007 年的 48.6% 下降到 2015 年的 33.5%（见图 3 - 1）。说明在经济快速发展的同时，城镇化水平、人口结构也发生了深刻的变化。随着城镇化的逐步深化，农村人口不断向城市涌入，城市规模不断扩张，相应地，也会对城市水资源消耗、能源利用以及环境容量带来不小的压力。

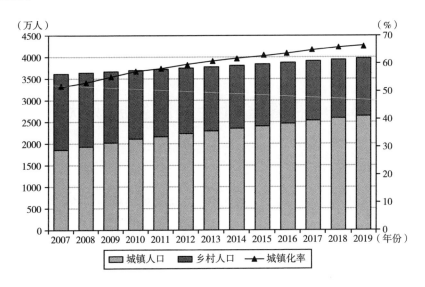

图 3 - 1　福建省历年人口增长及城镇化水平

资料来源：《福建统计年鉴 2020》。

在空间布局上，福建省人口空间分布一直呈现东部密、西部稀、沿海密、内地稀，且人口相对集中在沿海地区的总体格局。改革开放以来，人口陆续流向沿海地区，沿海地区人口密度不断上升。福建省共 9 个设区市，按行政区域人口分布情况看，2019 年位于东南沿海平原地区的泉州市、福州市、厦门市、漳州市为人口迁移主要目的地，经济发达，人口占全省比重分别为 22%、19.6%、10.8%、13.0%。莆田市、三明市、南平市、龙岩市和宁德市位于西北部山区，虽然占地面积大，但人口分别占全省的

7.3%、6.5%、6.8%、6.6% 和 7.3%，人口密度较小（见图 3-2）。作为福建省的经济特区，厦门市早在 1980 年就开始了对外开放和城镇化进程，截至 2019 年城镇化率高达 89.2%。其次是福州市和泉州市，其城镇化率分别为 70.5% 和 67.2%。然而，福建省中心城市城区规模较小，沿海城市人口的不断聚集，使福建省沿海各市面临的经济、资源和环境压力也在不断增加。

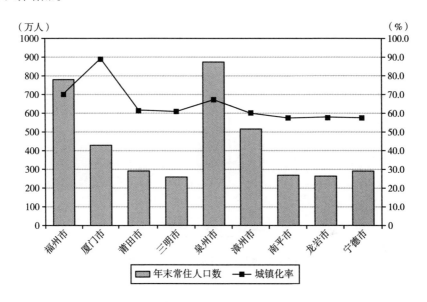

图 3-2   福建省 2019 年各市人口分布及城镇化率

资料来源：《福建统计年鉴 2020》。

3.1.2   福建省经济发展现状

改革开放以来，福建省实行改革开放政策，合理利用侨资和外资，引进先进技术和设备，先后建立厦门经济特区、马尾经济技术开发区、沿海开放地区和台商投资区。福建省位居广东、江苏两个全国经济强省之间，近几年凭借交通和沿海区位优势，经济发展势头强劲。从图 3-3 可以看出，福建省 GDP 由 2005 年的 6415.47 亿元迅速增长到 2019 年的 42395 亿元，年均 GDP 增速达到 14.5%，但是福建省至今还是中国沿海省份人均 GDP 较低的省份，2020 年福建省 GDP 总量仍排在全国第七位，具有较大的经济发展潜力。

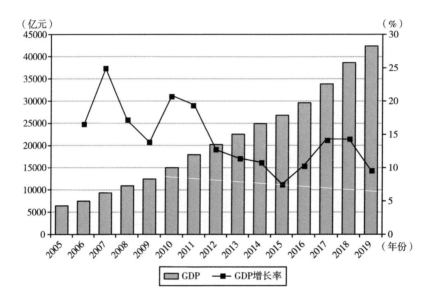

图 3-3　福建省历年 GDP 增长情况

资料来源：《福建统计年鉴》。

分区域来看，受地理区位因素影响，多年来全省经济发展极不平衡。福州、厦门、泉州所在的闽东南地区，经济较为发达。乡镇企业稳步发展，农村外向型经济发展迅速。工业以轻型为主、门类齐全，形成以福州、厦门、泉州、漳州、三明、莆田、南平、邵武、永安、龙岩、漳平等为中心的工业区，以轻工业、电子、食品、水产加工为骨干的沿海工业和以原材料、纺织、森林工业、化工为骨干的内地铁路沿线工业配置的格局。从表 3-1 可以看出，2019 年，泉州市、福州市和厦门市 GDP 占全省比重分别达到 38.37%、22.15% 和 23.13%，但因人口和地域限制，厦门市的人均 GDP 为全省最高，达到 142739 元，福州市和泉州市的人均 GDP 分别达到 120879 元和 114067

元,均高于全省平均水平 107139 元。全省东部沿海地区与西北部山区经济发展和人民生活水平存在较大差距。

表 3 - 1　　　　　　　　　　　福建省各市经济发展水平

序号	城市	GDP（亿元）	占比（%）	人均地区生产总值（元）
1	福州市	9392.30	22.15	120879
2	厦门市	5995.04	14.14	142739
3	莆田市	2595.39	6.12	89342
4	三明市	2601.56	6.14	100641
5	泉州市	9946.66	23.46	114067
6	漳州市	4741.83	11.18	92074
7	南平市	1991.57	4.70	74036
8	龙岩市	2678.96	6.32	101476
9	宁德市	2451.70	5.78	84251
	合计	42395.01		107139

资料来源:《福建统计年鉴 2020》。

从产业发展来看,2019 年福建省实现全部工业增加值 16170.45 亿元,比上年增长 8.7%。规模以上工业增加值增长 8.8%。其中,轻工业增长 7.6%,重工业增长 10.2%。[①] 从图 3 - 4 可以看出,2005 ~ 2019 年 14 年间,福建省第一产业产值由 792.53 亿元增加到 2596.23 亿元,占比由 12.35% 稳步下降到 6.12%;第二产业产值由 3095.92 亿元快速发展到 20581.74 亿元,所占比重由 2005 年的 48.26% 上升到 2014 年的峰值 52.78%,随后又回落到 48.55%;第三产业发展迅速,产值由 2527.02 亿元发展到 19217.03 亿元,占比由 39.39% 上升到 45.33%。

分工业门类看,规模以上工业的 38 个行业大类中有 12 个增加值增速在

---

① 资料来源:《福建统计年鉴 2020》。

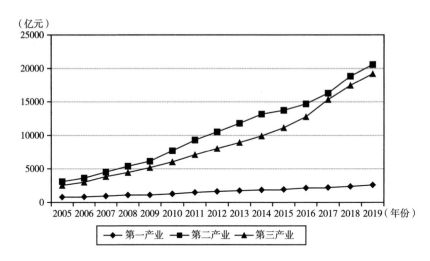

图 3-4　福建省历年三次产业结构

资料来源：《福建统计年鉴 2020》。

两位数。其中，化学原料和化学制品制造业增长 22.4%；有色金属冶炼和压延加工业增长 21.0%；化学纤维制造业增长 16.4%；计算机、通信和其他电子设备制造业增长 12.0%；医药制造业增长 11.5%；电气机械和器材制造业增长 10.3%。规模以上工业中三大主导产业增加值增长 9.8%。其中，机械装备产业增长 5.7%；电子信息产业增长 12.0%；石油化工产业增长 13.5%。六大高耗能行业增长 13.4%，占规模以上工业增加值的比重为 25.8%。工业战略性新兴产业增长 8.1%，占规模以上工业增加值的比重为 23.8%。高技术制造业增长 12.3%，占规模以上工业增加值的比重为 11.8%。装备制造业增长 7.9%，占规模以上工业增加值的比重为 22.7%。[①]

从目前的产业结构来看，福建省逐渐由工业化高速发展阶段向后工业化阶段转变，面临着加快结构调整与保持经济稳定增长、区域优先发展与均衡发展等矛盾，生态环境保护压力和难度仍在加大。

---

① 资料来源：《福建统计年鉴 2020》。

3.2　福建省污水污泥排放及处理现状分析

福建省虽是水资源大省，但水资源从时间、空间上来说分布不均匀，沿海经济较发达的城市人均水资源甚至低于全国平均水平。在水环境方面，福建省总体状况较好，但存在部分水域水质偏差，沿海城市水库水质出现不同程度的营养状态，水环境仍是福建环境保护中的突出问题。本书主要以水资源治理为切入点，从水资源循环利用以及水污染物质处理两个方面来改善福建省水资源利用现状。

污泥处理处置作为污水处理的重要环节，是衡量污水处理成效的重要标准。随着福建省污水处理厂的全面建成和污水处理率的不断提高，污泥产生量也急剧增加，成为困扰城镇环境的难题之一。为了进一步保护和改善生态环境，促进节能减排，要加快推进城镇生活污水处理、污泥处理处置及其资源化利用。

3.2.1　福建省水资源禀赋及利用现状

水的问题对区域经济社会可持续发展的限制、对人民健康和社会稳定的潜在威胁越来越明显，应该引起全社会的足够重视。本节从水资源禀赋和水资源利用情况来介绍福建省水资源消耗的基本情况。

3.2.1.1　水资源禀赋

作为水资源大省，福建省的水资源在时间上、空间上分布不均匀。从时间上来看，每年降水主要集中在 4 ~ 9 月，降水量占全年的 70% ~ 80%。从空间上看，降水从西部山区向东南沿海逐步递减。根据《福建省水资源公报》历年数据，福建省 2014 ~ 2019 年水资源总量变化较大，受年降水量影响，2018 年全省水资源总量达历年最低值，仅为 778. 45 亿立方米，人均水资源量 1975 立方米，按照国际公认标准，属中度缺水。由于水资源分布和人口经济发展不相匹配，沿海部分城市水资源极度短缺（朱珍香等，2018；王吉萍等，2016）。2019 年全省水资源总量又回升至历年平均水平，为 1363. 87 亿立方米，其中地表水资源量 1362. 51 亿立方米，地下水资源量 339. 03 亿立方米（见图 3 - 5）。

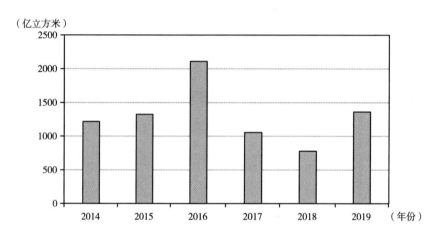

图 3 - 5　2014 ~ 2019 年福建省水资源总量

资料来源：《2020 福建省水资源公报》。

从行政分区来看，2019 年水资源总量最丰富的地区为西北部山区南平市、三明市、龙岩市、宁德市，水资源总量分别达到 378. 27 亿立方米、279. 27 亿立方米、222. 35 亿立方米和 148. 15 亿立方米；由于降水又从西部山区向东南沿海逐步递减，经济比较发达的东部沿海各市水资源量相对短缺，福州市、厦门市、莆田市、泉州市和漳州市水资源总量分别为 95. 39 亿立方米、10. 94 亿立方米、27. 81 亿立方米、95. 84 亿立方米和 105. 85 亿立方米（见图 3 - 6），人均水资源量低于全国平均水平。可以看出，福建省各市由于地理自然因素，导致水资源禀赋与经济发展水平不相匹配，城市用水强度与水资源分布倒挂，使得东部沿海城市面临更加严峻的水资源压力。

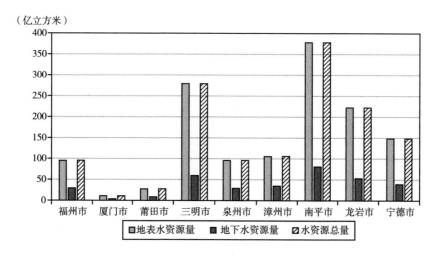

图 3 - 6　2019 年福建省各市水资源禀赋

资料来源:《2020 福建省水资源公报》。

3.2.1.2　水资源利用现状

根据《福建省水资源公报》历年数据，福建省用水总量呈现逐年下降的趋势，从 2014 年的 205.63 亿立方米减少到 2019 年的 167.39 亿立方米（见图 3 - 7）。随着城市规模不断扩张、人口密度上升，全省用水总量不升反降，说明福建省近几年水资源利用效率得到提高。从水资源利用方式来看，由于福建省畜禽养殖业已逐步成为一些地方农业和农村经济的增长点和支柱产业，以畜禽养殖业为主的农业生产需要大量用水，因此农业用水占比始终保持在 45% ~ 50%；工业用水次之，占比由 2014 年的 36.6% 逐渐下降到 2019 年的 27.44%；在城市化过程中，居民生活用水占比从 2014 年的 9.77% 上升到 2019 年的 12.98%；生态环境用水占比也由 2014 年的 1.55% 小幅上升到 2019 年的 2.15%。从工业内部分行业水资源消耗量来看，石油化工及金属、非金属制品业对水资源消耗量最大，其次是电力、热力、燃气、水的生产和供应业，食品、烟草、纺织、木材及其他制造业。因此，要从水资源利用结构以及行业节水等多角度提高水资源利用效率。

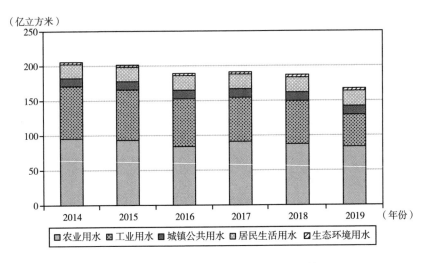

图3-7 2014~2019年福建省水资源消耗情况

资料来源：2015~2020年《福建省水资源公报》。

从行政分区来看，2019年福建省用水量依次为泉州市28.31亿立方米、南平市22.69亿立方米、三明市22.69亿立方米、福州市21.09亿立方米、漳州市21.21亿立方米、龙岩市18.97亿立方米、莆田市10.29亿立方米、宁德市13.56亿立方米和厦门市6.81亿立方米。其中，农业用水占比较高的地区为南平市、龙岩市、宁德市，分别达到67.5%、64.8%、57.3%；工业用水占比最高的地区为泉州市，达到46.1%；居民生活用水占比较高的地区为厦门市、福州市、泉州市，分别达到37.3%、20.3%和16.3%（见图3-8）。由此可以看出，对沿海工业发达地区应重点提高工业用水效率和居民生活用水效率，对于西北部地区应重点提高农业用水效率，综合调整各行业用水结构。

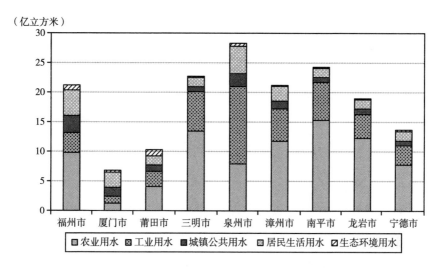

图 3 – 8　2019 年福建省各市（区）水资源消耗情况

资料来源：《2020 福建省水资源公报》。

3.2.2　福建省污水排放及处理现状分析

本节从污水排放与处理、污水处理技术两个方面说明福建省污水处理的
情况。

3.2.2.1　污水排放与处理

根据历年《福建统计年鉴》，福建省全省废水排放量由 2012 年的 256262
万吨下降到 2016 年的 237016 万吨，随后又出现上升趋势，2018 年全省废水
排放总量达到 326118 万吨，工业废水排放量 147005 万吨，其中排入污水处
理厂的为 18580 万吨，污水处理能力地区分布不均，污水再生利用规模很小，
仅为 4661 万吨。全省废水治理设施日处理能力为 661.44 万吨，废水处理设
施全省分布不均，污水处理能力和污水处理需求不相匹配。全省工业废水排
放量也呈现先降后升的趋势，到 2018 年达到 147005 万吨；而城镇生活废水

排放量则随着城市化的不断扩张而呈现上升趋势，由 2012 年 149680 万吨逐步上升到 2018 年的 178858 万吨（见图 3 - 9）。部分地区由于基础建设滞后，城镇生活污水甚至处于直接排放的情况，对水环境造成严重的影响，大部分县城仍需要加速建设污水处理厂。按行业划分来看，废水排放量最大的为电力行业，其他排放量由大至小依次为纺织业，造纸和纸制品业，化学原料和化学制品制造业，计算机、通信和其他电子设备制造业，农副食品加工业，化学纤维制造业。

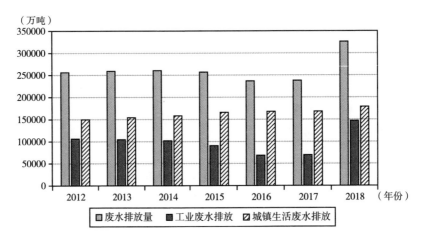

图 3 - 9   2012 ~ 2018 年福建省废水排放情况

资料来源：《福建统计年鉴》。

从各市污水处理情况来看，污水处理能力差距较大。由于各年份统计口径不一致，受调研数据所限，选取 2015 年福建省各市污水排放与处理情况来反映不同地区的污水处理能力（见图 3 - 10）。福州市、莆田市、龙岩市和宁德市污水处理率高于其他市，分别达到 86.87%、64.17%、65.78% 和 88.01%，说明这四个地区对污水处理较为重视，污水处理能力与需求匹配度较高；其他几个市综合污水处理率均低于 60%，污水处理有很大的改善空间。综合来看，福建省在制定污水处理技术方案时，应充分考虑和分析各市的发展特征，有针对性地选择技术和配备技术设施。

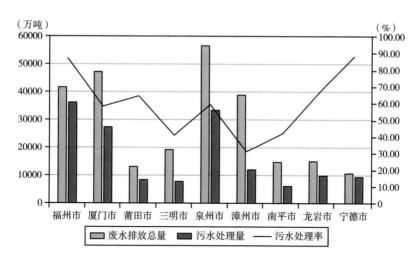

图 3 - 10　2015 年福建省各市污水排放与处理

资料来源：福建省环保局统计资料。

3.2.2.2　污水处理技术

福建省投运城镇污水处理设施共 121 处（详见附录），其中福州市 21 处（其中平潭 1 处）、厦门市 10 处、莆田市 3 处、三明市 12 处、泉州市 31 处、漳州市 16 处、南平市 12 处、龙岩市 7 处、宁德市 9 处。由表 3 - 2 可以看出，城镇污水处理技术主要有氧化沟、A^2/O、SBR、CAST、BIOLAK 等，均为活性污泥处理工艺。按处理程度，属于污水二级处理。近年来，漳州市、泉州市逐渐采用生物膜法、二级生化法进行污水处理。

表 3 - 2　　　　　　　　　福建省投运城镇污水处理设施　　　　　　　　单位：处

城市	主要污水处理技术	设施数
福州市	氧化沟、A^2/O、SBR、CASS、活性污泥	21
厦门市	氧化沟、A^2/O、BAF、活性污泥	10
莆田市	氧化沟、A^2/O、SBR	3
三明市	氧化沟、A^2/O、SBR	12
泉州市	氧化沟、A^2/O、CAST、活性污泥、生物膜、二级生化	31

续表

城市	主要污水处理技术	设施数
漳州市	氧化沟、A^2/O、SBR、BIOLAK、生物膜法	16
南平市	氧化沟、A^2/O、生化处理 + 生物滤池	12
龙岩市	氧化沟、A^2/O	7
宁德市	氧化沟、A^2/O、CASS、CAST	9
合计	氧化沟、A^2/O、SBR、生物膜、活性污泥、BIOLAK、CAST、二级生化法	121

资料来源：《全国投运城镇污水处理设施清单》。

（1）氧化沟。氧化沟是 1967 年由荷兰的 DHV 公司开发研制的。它的研制目的是满足在较深的氧化沟沟渠中使混合液充分混合，并能维持较高的传质效率，以克服小型氧化沟沟深较浅、混合效果差等缺陷。至今世界上已有850 多座卡鲁塞尔氧化沟系统正在运行，实践证明该工艺具有投资省、处理效率高、可靠性好、管理方便和运行维护费用低等优点。该氧化沟使用立式表曝机，曝气机安装在沟的一端，因此形成了靠近曝气机下游的富氧区和上游的缺氧区，有利于生物絮凝，使活性污泥易于沉降，设计有效水深 4.0 ~ 4.5 米，沟中的流速 0.3 米/秒。生化需氧量（BOD5）的去除率可达 95% ~ 99%，脱氮效率约为 90%，除磷效率约为 50%，如投加铁盐，除磷效率可达95%。氧化沟比常规的活性污泥法能耗降低 20% ~ 30%。另外，据国内外统计资料显示，与其他污水生物处理方法相比，氧化沟具有处理流程简单、操作管理方便，出水水质好、工艺可靠性强，基建投资省、运行费用低等特点。

（2）A^2/O。A^2/O 工艺也称 A－A－O 工艺，为厌氧—缺氧—好氧法，是生物脱氮除磷工艺的简称、A^2/O 工艺是流程最简单、应用最广泛的脱氮除磷工艺。该工艺处理效率一般能达到：BOD5 和贮水系数或弹性给水度（SS）为 90% ~ 95%，总氮为 70% 以上，磷为 90% 左右，一般适用于要求脱氮除磷的大中型城市污水处理厂。但 A^2/O 工艺的基建费和运行费均高于普通活性污泥法，运行管理要求高。传统 A^2/O 工艺出水只能达到一级 B 标准。出水水质不稳定，出水活性污泥、SS、病菌易流失，不可以直接回用。出水达标情况：化学需氧量（COD）= 350 ~ 500mg/L；SS = 100；悬浮物易超标。

（3）SBR、CAST。SBR 污水处理工艺，即序批式活性污泥法，是基于以悬浮生长的微生物在好氧条件下对污水中的有机物、氨、氮等污染物进行降解的废水生物处理活性污泥法的工艺。该工艺优点是污水处理适应性强，建设费用较低。缺点是运行稳定性差，容易发生污泥膨胀和污泥流失，分离效果不够理想。CAST 工艺是循环式活性污泥法的简称，又称为周期循环活性污泥工艺（cyclic activated sludge system，CASS）。属于序批式活性污泥工艺，是 SBR 工艺的一种改进型。它在 SBR 工艺基础上增加了生物选择器和污泥回流装置，并对时序做了调整，从而大大提高了 SBR 工艺的可靠性及处理效率。与传统活性污泥法相比，CAST 系统产生较少的活性污泥，因此污泥处理成本相对较低；与 A^2/O 工艺和氧化沟工艺相比，建设运行费用、用地面积都较少；运行操作简单、灵活；处理能力和适应水质能力都较强。

（4）BIOLAK。BIOLAK 工艺是一种具有脱氮除磷功能的多级活性污泥污水处理系统。BIOLAK 是"生化湖"的意思，即湖体内采用生物方法处理污水、废水的工艺，可以有效地去除 COD、BOD，并能脱氮除磷。该工艺既适用于城市污水的处理，也适用于工厂、企业的生产废水处理，投资少，效率高。

（5）生物膜法。生物膜法是与活性污泥法并列的一类废水好氧生物处理技术，是一种固定膜法，是污水土壤自净过程的人工化和强化，主要去除废水中溶解性的和胶体状的有机污染物。处理技术有生物滤池（普通生物滤池、高负荷生物滤池、塔式生物滤池）、生物转盘、生物接触氧化设备和生物流化床等。生物膜法相较于活性污泥法具有生物量多、设备处理能力大、剩余污泥产量少、运行管理较方便、工艺过程较稳定等优点，但基本建设投资也相应较高。

目前，福建省的城镇污水处理设施大多采用活性污泥处理工艺，污水处理量大，中水产出率较低，污染物去除效率和投资效率较低，这是造成现有的污水处理厂出现产能过剩，而局部地区污水处理能力又低下的主要原因。因此，在有限的财政投入下，为了实现不同标准的用水需求，可以适当引进和采用国内外先进的污水处理工艺。

3.2.3 福建省污泥排放及处理现状分析

本节从污泥处理处置技术、污泥排放与处理两个方面介绍福建省污泥处理的情况。

3.2.3.1 污泥处理处置技术

目前，福建省已建成的污水处理厂的污泥处理处置尚未完全满足污泥安全处置的要求。福建省污泥处理方式以土地利用为主，污泥焚烧、污泥填埋、建材利用等其他处置方式为辅。

（1）污泥用于土地利用。污泥中有机质含量较高且重金属等含量满足有关使用标准的，经处理处置后可用于园林绿化用肥、盐碱地、沙化地和废弃矿场的改良用土及农业土地利用。污泥用于土地利用应符合国家相关产品质量标准，主要技术工艺有以下两种。

一是污泥生物干化处理技术。污泥加入辅料（如秸秆、木屑、锯末、蘑菇土等）及适当比例的生物菌剂，进行高温好氧发酵，可用于园林绿化用肥和农用肥，鼓励有条件的污水处理厂在厂内建设污泥堆肥设施。

二是污泥深度脱水处理技术。污泥加入三氯化铁和石灰等药剂进行调理和深度脱水后，可用于土地改良用土及园林绿化用肥。

（2）污泥焚烧。利用垃圾焚烧厂、水泥厂、热电厂等设施，采用掺烧、混烧等技术协同处理处置污泥。

（3）污泥填埋。污泥采用深度脱水处理技术或石灰稳定技术，含水率低于60%，可运至垃圾填埋场进行混合填埋；深度脱水后的污泥，自然搁置一段时间后，含水率进一步下降至40%及以下，可作为垃圾填埋场的覆盖土使用。

（4）污泥建材利用。污泥中含有一定量的无机矿物组分和热值，经脱水处理后的污泥可以作为建筑材料的原材料，用于制陶粒和制砖等，其产品必须符合相关行业的标准。

各地要坚持"资源化、无害化、低碳节能、安全环保、因地制宜"的原则，选择最佳可行的技术路线进行污泥安全处理处置。

3.2.3.2　污泥排放与处理

近年来，随着城镇化水平和污水处理量的增加，福建省污泥排放量也不断递增，受调研数据所限，统计口径相同的污泥排放数据仅到 2015 年，因此以 2012 ~ 2015 年的统计数据来分析福建省污泥排放与处理的情况。从 2012 年的 559150 吨上升到 2015 年的 724397 吨。从图 3 - 11 可以看出，由于环境管理越来越严格、有机降解过程排放大量温室气体、渗滤液体可能造成二次污染及填埋场占用了稀缺的土地资源等原因，污泥的填埋处置量不断下降，从 2012 年的 289107 吨下降到 2015 年的 234352 吨；而把经处理的污泥施于土壤，向土壤和农作物提供多种养分的土地利用方式仍保持一定的比例，由 2012 年的 22% 下降到 2015 年的 14%。另外，污泥作为一种可再生资源，被用作建筑材料和替代燃料来源进行焚烧的处置量呈现大程度的上升，建筑材料利用量和焚烧处置量分别由 2012 年的 66881 吨、79692 吨上升到 2015 年的 225581 吨、160793 吨。截至 2018 年，福建省共有 11.8% 的污泥采用填埋处理，27.5% 为土地利用量，29.7% 为建筑材料利用和 3.2% 为焚烧处置，但随着社会发展和技术进步，污泥填埋或土地利用方式将逐渐面临淘汰，污泥资源化利用将成为污泥处置的趋势（Diaz-Elsaved et al.，2019），潜力巨大。

从各市污泥处理情况来看，受调研数据所限，选取 2015 年福建省污泥处理的相关数据进行说明。2015 年福州市、厦门市、泉州市和宁德市污泥排放与处置量较高，分别达到 172126 吨、147693 吨、128127 吨和 109305 吨，说明污泥排放与处理水平和经济发展程度成正比。从污泥处置方式来看，泉州市、厦门市主要采用建筑材料利用和焚烧处理先进技术将污泥进行资源化处置，其中，泉州市两种处置方式比重分别占到 31.6% 和 58%，厦门市两种处

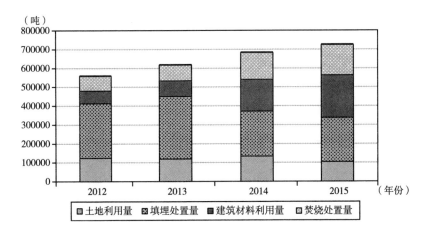

图 3 - 11 2015 年福建省污泥排放与处置

资料来源：福建省环保局统计资料。

置方式占比分别为 49% 和 40%（见图 3 - 12），可以看出经济越发
达，对污泥的处理及资源化利用越重视，说明随着人民生活水平的不断提高，对生活环境及质量的关注也随之提高，在发展经济的同时兼顾环境质量。

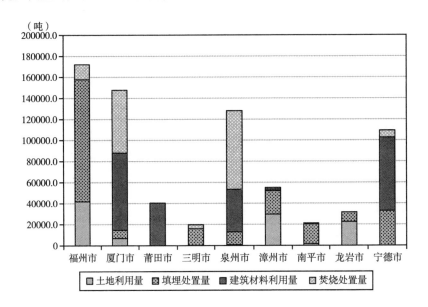

图 3 - 12 2015 年福建省各市污泥排放与处置

资料来源：福建省环保局统计资料。

3.3　福建省环境污染及能源消耗现状分析

福建省生态文明建设起步早、力度大，是全国首个生态文明先行示范区，在生态文明建设方面取得了一定的成绩。本节主要从环境污染物质排放和能源消耗两方面进行现状分析。

3.3.1　福建省主要环境污染物排放情况

3.3.1.1　水污染物质排放情况

在国内外的相关研究中，大多数利用总磷、总氮和 COD 含量来综合衡量水质情况（Kyou et al.，1998；Chae et al.，2007；Wang et al.，2008；Jing et al.，2009）。受数据收集限制，仅以化学需氧量和氨氮的排放量来反映福建省水污染物质排放情况。从图 3 - 13 可以看出，福建省的化学需氧量在

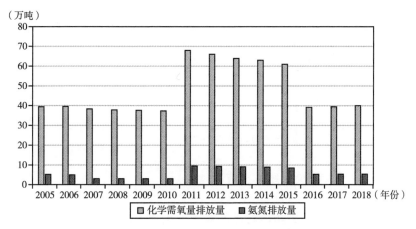

图 3 - 13　2005 ~ 2015 年福建省水污染物质排放情况
资料来源：《福建省环境统计年报》。

2011 年达到高值，为 67.94 万吨，在水污染防治专项行动的控制下，稳步下降到 2015 年的 60.94 万吨，随后又回落至 40 万吨上下。氨氮排放量也由 2011 年的最高值 9.54 万吨下降到 2018 年的 5.41 万吨，基本实现减排规划目标，污染物排放量基本得到控制。

根据福建省环保局统计资料计算得出，分行业的水污染物质贡献情况见表 3-3。水污染物质排放主要来自农林牧渔业和第三产业，化学需氧量排放分别为 32.44% 和 53.22%，氨氮排放量分别为 35.7% 和 56.62%，可见加速发展的城镇化和不断增长的人口给城市带来了严重的环境承载压力。从工业内部污染物排放结构来看，水污染物质排放主要集中在食品、烟草、纺织、木材、造纸及其他制造业，石油化工及金属、非金属制品业，化学需氧量排放量占比达到 12.64%，氨氮排放量占比达到 7.01%，说明福建省的主导产业发展对水环境的压力较大。因此，福建省在制定水环境污染防治政策时应从主导产业入手，一方面进一步优化产业结构，另一方面提升传统产业的水污染治理能力，从而改善水环境质量。

表 3-3   **福建省分行业水污染物质贡献率**

分行业	化学需氧量 COD（%）	氨氮（%）
农林牧渔业	32.44	35.70
采矿业	0.67	0.05
食品、烟草、纺织、木材、造纸及其他制造业	9.77	3.55
石油化工及金属、非金属制品业	2.87	3.46
装备制造业	0.36	0.14
电力、热力、燃气及水的生产和供应业	0.05	0.05
第三产业	53.22	56.62

资料来源：根据福建省环保局统计资料计算得出。

3.3.1.2 大气污染物质排放情况

通过近几年大气污染防治行动的实施，福建省环境控制质量得到巩固和提升，从图 3-14 可以看出，二氧化硫排放量由 2011 年的 389174 吨缓慢下

降到 2018 年的 121925 吨；氮氧化物排放量由 2011 年的 494507 吨下降到
2016 年的最低点 261835 吨，随后出现小幅上升，到 2018 年为 284072 吨；烟
粉尘减排压力较大，从 2011 年的 225340 吨上升到 2014 年的峰值 367902 吨，
随后稳步下降到 2018 年的 174798 吨。因此，福建省要继续深化二氧化硫污
染治理，持续开展氮氧化物污染防治，强化工业烟粉尘治理。除此之外，要
深化面源污染治理，调整优化产业结构和能源结构，尤其严控"高污染、高
排放"行业新增产能，加快淘汰落后产能，压缩过剩产能，加快技术改造，
全面推行清洁生产，减少大气污染物排放。

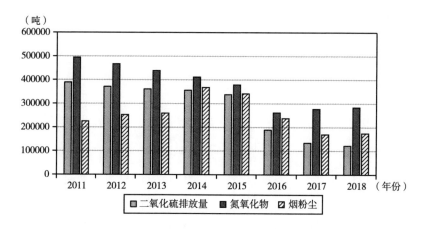

图 3 - 14　2011 ~ 2018 年福建省大气污染物质排放情况

资料来源：《福建统计年鉴》。

3.3.2　福建省能源消耗情况

福建省能源生产量小，2019 年能源生产总量仅为 4353.87 万吨标准煤，
能源生产总量中，原煤占 14.8%，水电占 30.2%，风电占 6%，核电占
42.4%。近年来，原煤产量占比不断下降，水电占比自 2012 年开始也呈下降
趋势，相对应的是核电、风电等清洁能源产量大幅上升。与其他省份相比，
福建不算是能源消费大省，其能源消费总量仅相当于上海市的消费水平。根

据《福建统计年鉴2020》，2019年，福建省86.33%的能源需要从省外调入或进口，对外依赖程度很高，并且这一特征近年来还有上升趋势。近年来，福建省能源消费增长迅速，但其能源消耗强度不高，从图3-15可以看出，从2005年的5753.99万吨标准煤上升到2019年的13718.31万吨标准煤，单位GDP能耗由2005年的0.9吨标准煤/万元逐渐下降到2019年的0.32吨标准煤/万元，与长三角地区平均值相当。总体来看，福建有很好的清洁能源发展基础，核电、风电装机增长能够提升能源自给能力，天然气覆盖面的铺开能够增加清洁能源的使用比例。未来，兼顾自给与清洁应当是福建能源发展的主线。

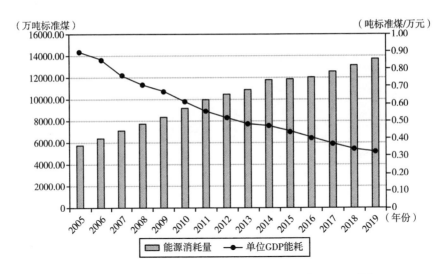

图3-15 2005~2019年福建省能源消耗量及单位GDP能耗

资料来源：《福建统计年鉴》。

根据福建省历年能源综合平衡表计算得出，福建省综合能源消费结构中，石油化工及金属、非金属制品业的综合能源消耗最大，能源消耗占42%；其次，电力、热力、燃气及水的生产和供应业，商贸、交通、仓储及餐饮业，最终消费的能源消费占比分别为17.5%、10.4%和11%。但能源消耗量与能源利用效率不成正比，电力、热力、燃气及水的生产和供应业的能源消耗强度最大，为 1.0283 吨标准煤/万元，石油化工及金属、非金属制品业的能源消耗强度为 0.4742 吨标准煤/万元，商贸、交通、仓储及餐饮业的能源消耗强度为 0.1959 吨标准煤/万元（见表 3－4）。由此可以看出，福建的产业结构还处于偏重化工业的阶段，因此，产业结构调整是提高能源利用效率的有效途径。

表 3－4　　　　　　　　　福建省分行业综合能源消费结构

分行业	能源消费比例（%）	能源消耗强度（吨标准煤/万元）
农林牧渔业	2.7	0.1007
采矿业	0.5	0.0665
食品、烟草、纺织、木材及其他制造业	8.5	0.0738
石油化工及金属、非金属制品业	42.0	0.4742
装备制造业	1.7	0.0250
电力、热力、燃气及水的生产和供应业	17.5	1.0283
建筑业	1.9	0.0381
商贸、交通、仓储及餐饮业	10.4	0.1959
信息技术、金融、房产及其他服务业	3.9	0.0566
最终消费	11.0	0.1562

资料来源：根据福建省环保局统计资料计算得出。

3.4　福建省社会经济环境发展目标

通过对福建省社会经济环境发展情况进行分析，可以看出福建省总体仍处于工业化加速发展阶段，面临加快结构调整与保持经济稳定增长、产业转型升级与创新动力不足、保持整体竞争力与要素成本上升、区域优先发展与均衡发展等矛盾，存在产业结构不够优、竞争力不够强，社会事业发展相对滞后，生态环境保护压力和难度加大等突出问题。因此，在制定发展规划时，应全面考虑社会、经济及环境的协调发展。

3.4.1　社会经济发展目标

根据《福建省国民经济和社会发展第十三个五年规划》（以下简称《福建省"十三五"规划纲要》），到 2020 年，全面建成小康社会，经济社会发展再上一个新台阶。

3.4.1.1　人口及城镇化

全省经济保持稳定较快、高于全国平均增长，地区生产总值年均增长 8.5%，新型城镇化建设加快推进，发展空间格局进一步优化，福州、厦漳泉两大都市区同城化步伐加快，辐射带动作用进一步加强，中小城市和特色小城镇加快培育，区域间协作协同效益显著，欠发达地区发展步伐明显加快，农村发展内生能力增强，城乡一体化发展迈上新台阶，户籍人口城镇化率达 48% 左右，常住人口城镇化率达到 67% 左右（见表 3 - 5）。

表 3 - 5　　　　　　　　　福建省社会经济环境规划目标

指标	内容	现状（2015 年）	"十三五"规划目标（2020 年）
社会经济指标	人口（万人）	3839	—
	城镇化	62%	67%
	经济增长速度	10.7%	年均 8.5%
水资源利用及污水污泥处理指标	用水总量（亿立方米/年）	213	223
	污水处理规模（万立方米/年）	150466	236520
	再生水生产（万立方米/年）	12957	24090
	污泥处理处置规模（万吨/年）	21.4	79.1
	干泥	—	—

续表

指标	内容	现状（2015 年）	"十三五"规划目标 （2020 年）
污染物排放指标	化学需氧量（吨）	609400	控制在国家下达的 指标内
	二氧化硫（吨）	337881	
	氮氧化物（吨）	379021	
能源利用指标	能源消费总量（万吨标准煤）	12180	14200～16150

资料来源：《福建省"十三五"规划纲要》《福建省"十三五"能源发展专项规划》《"十三五"水资源消耗总量和强度双控行动方案》《"十三五"全国城镇污水处理及再生利用设施建设规划》。

3.4.1.2　产业优化与布局

全力推进产业转型升级，实现现代服务业大发展，促进产业迈向中高端，打造福建产业升级版。

（1）建设先进制造业大省。第一，推进主导产业高端化集聚化。加快提升电子信息、石油化工、机械装备三大主导产业的技术水平和产品层次，延伸产业链、壮大总量，增强核心竞争力，到 2020 年产值规模均超万亿元。第二，推进战略性新兴产业规模化。发挥产业政策导向和产业投资引导基金作用，培育一批战略性新兴产业。实施新兴产业倍增计划，加快突破技术链、价值链和产业链的关键环节，推动新一代信息技术、新材料、新能源、节能环保、生物和新医药、海洋高新等产业规模化发展。第三，推进传统特色产业改造提升。开展新一轮技术改造提升工程，实施工业强基、"机器换工"、质量品牌提升、工业互联网创新试点等行动，广泛应用数控技术和智能装备，推动传统特色产业智能化改造和创新转型，推动生产方式向数字化、精细化、绿色化转变，提高产品功效、性能、适用性和可靠性。轻工业重点推进食品工业、制鞋业、造纸业提升发展，打造全球顶尖的休闲运动鞋制造中心。纺织业发挥化纤、织造、染整、服装、纺机产业链优势，做大做强纺织化纤和服装生产基地。冶金业加快延伸下游精深加工产业，提升产品品质和附加值，打造中国最大不锈钢产业基地和铜生产研发重要基地。电机电器重点推广集成制造、高效节能电机制造、精密制造等先进生产方式，鼓励发展高端产品。建材业加快发展新型墙体材料，促进行业转型升级，提升石材、建筑陶瓷、汽车玻璃工业发展水平。

（2）推动现代服务业大发展。开展加快发展现代服务业行动，推进服务业与一二产业深度融合，促进服务业发展提速、比重提高。促进生产性服务业社会化、专业化、高端化。加快推进物流、金融、文化创意、服务外包、科技和信息服务、节能环保、检验检测等生产性服务业社会化专业化发展、向价值链高端延伸，为制造业升级提供支撑。加快多式联运设施建设，推进物流信息化，加快建设物流节点、物流园区和航运枢纽，大力发展第三方物流、商贸物流和电子商务流。加快发展融资租赁、互联网金融等金融服务业，推进跨境人民币业务，建成两岸区域性金融服务中心。大力发展工业设计、创意设计、数字传媒、动漫游戏等文化创意产业，推进设计服务与相关领域融合发展。推进制造业主辅分离，加快向生产服务型转变。引导生产性服务业在中心城市、开发区（工业园区）、现代农业产业基地以及有条件的城镇等区域集聚，推动在区域间形成分工协作体系和特色产业集群。到2020年，物流业、金融业成为新兴主导产业，实现增加值分别超过3000亿元、3200亿元，服务业增加值占比高于42%。

3.4.2 水资源利用及污水污泥资源化利用目标

3.4.2.1 水资源利用

推进源头节水减污，一方面，节约利用水资源，以水定产，以水定城，严格工业用水定额管理，2020年电力、钢铁等高耗水行业达到先进定额标准，逐步建立农业灌溉用水量控制和定额管理制度；另一方面，提高水资源利用效率，积极推进造纸、焦化、氮肥、有色金属、印染、农副食品加工、原料药制造、制革、农药、电镀等十大耗水行业清洁化改造。2020年，全省用水总量控制在 223 亿立方米以内，万元国内生产总值用水量、万元工业增加值用水量分别比 2015 年降低 33%、35%（见表 3 - 5）。

3.4.2.2　污水污泥资源化利用

加快福建省各市县污水处理厂的扩容提升、管网扩面的同时，推进城市污水再生利用、乡镇镇区污水处理设施全覆盖，加快污泥无害化处置，提高资源化利用水平，2020 年城市污水处理率达到 95% 以上，县城污水处理率达到 90% 以上。根据《"十三五"福建省城镇污水处理及再生利用设施建设规划》，"十三五"期间新增污水处理规模 134 万立方米/日，升级改造污水处理规模 151 万立方米/日，新增污水再生利用规模 30.5 万立方米/日，新增污泥处理处置规模 57.7 万吨。到 2020 年，实现福建省污水处理规模 236593 万立方米/年，升级改造污水处理规模 86054 万立方米/年，污水再生利用规模 24090 万立方米/年，污泥处理处置规模达 79.1 万吨/年（见表 3 - 5）。

3.4.3　环境污染防治目标

根据福建省"十三五"环境保护规划，水、大气、生态环境质量继续保持优良。生态文明制度体系基本建成，可持续发展水平明显提高。

3.4.3.1　污染物排放控制

深入推进主要污染物减排和治理，强化污染排放标准约束和源头防控。落实大气污染防治行动计划实施细则，推进区域联防联控和预警预报，强化机动车等移动源污染治理，加强道路和工地扬尘防治，深化重点工业污染源，对造纸、印染、氮肥、味精等行业实施行业污染物排放总量协同控制。落实水污染防治行动计划工作方案，重点推进城乡生活污染、工业污染、畜禽养殖污染治理。到 2020 年，主要污染物排放量均控制在国家下达的指标内。

3.4.3.2　节能降耗目标

实行全民节能行动计划、能源消耗总量和强度双控行动，强化能源消费总量控制、单位产品能耗标准、绿色建筑标准等约束，单位生产总值能耗保持低于全国平均水平。根据《福建省"十三五"能源发展专项规划》，到2020年，一次能源消费总量控制在 14200～16150 万吨标准煤，单位 GDP 能耗年均下降 3%（见表 3 - 5）。突出抓好重点领域节能，组织实施重点用能单位节能低碳行动。严格限制高耗能产业与产能过剩行业扩张，对高耗能产业与产能过剩行业实行能源消费总量控制强约束；其他产业按先进能效标准实行强约束。

3.5　小结

通过对福建省社会经济发展现状、污水污泥排放及处理现状，以及社会经济发展的环境影响进行分析，可以得出以下结论。

（1）在社会经济发展方面，福建省人口空间分布一直呈现东部密、西部稀、沿海密、内地稀，且人口相对集中在沿海地区的总体格局。近年来，福建省凭借交通和沿海区位优势，经济发展势头增强，但与其他沿海省份相比仍缺乏核心竞争力，存在较大的经济发展空间。从区域来看，受地理区位因素影响，多年来全省经济发展极不平衡，东部沿海地区和西北部山区经济发展和人民生活水平存在较大差距。从产业结构来看，福建省逐渐由工业化发展阶段向工业化后期转变，面临着加快结构调整与保持经济稳定增长、区域优先发展与均衡发展等矛盾，生态环境保护压力和难度仍在加大。

（2）在水资源利用方面，福建省城市用水强度与水资源分布倒挂，东部沿海城市面临更加严峻的水资源压力；从水资源利用方式来看，农业用水占比最高，工业内部石油化工及金属、非金属制品业对水资源消耗量最大，其次是电力、热力、燃气、水的生产和供应业，食品、烟草、纺织、木材及其他制造业。从废水排放来看，排放量由大至小依次为电力行业，纺织业，造纸和纸制品业，化学原料和化学制品制造业，计算机、通信和其他电子设备制造业，农副食品加工业，化学纤维制造业。因此，要从水资源利用结构以及行业节水等多角度提高水资源利用效率；从各市污水污泥处理情况来看，污水处理能力差距较大，同时已建成的污水处理厂的污泥处理处置尚未完全满足污泥安全处置的要求。因此，随着经济水平的不断提高，应更加重视对污水污泥的资源化利用程度。

（3）在环境影响方面，福建省水污染物质排放主要来自农林牧渔业和第三产业，工业内部水污染物质排放主要集中在食品、烟草、纺织、木材、造纸及其他制造业，石油化工及金属、非金属制品业。在能源供给方面，福建省能源生产量小，在能源生产总量中，原煤产量占比不断下降，水电、核电、风电等清洁能源产量大幅上升。近年来，福建省能源消费增长迅速，能源消耗强度虽不高，但能源对外依赖程度很高。未来能源发展的主线应是兼顾能源自给与清洁能源。上述分析结果为福建省产业结构优化调整提供了依据。

（4）为了实现福建省社会经济、资源、环境的可持续发展，《福建省"十三五"规划纲要》《福建省"十三五"能源发展专项规划》《"十三五"水资源消耗总量和强度双控行动方案》《"十三五"全国城镇污水处理及再生利用设施建设规划》等文件提出了近期、中期和远期的社会经济发展目标、水资源管理目标和环境污染控制目标：设定经济增速为 8.5%，污水处理规模达 236520 万立方米，生产再生水 24090 万立方米，水污染物质 COD 实现年均减排 3%，能源消耗量控制在 14200～16150 万吨标准煤。上述规划目标为本书研究的动态模型提供了指标参数和约束限值。

　　从上述社会经济环境规划来看，在"十三五"期间，福建省将适当降低经济发展速度，积极优化调整产业结构，提高资源利用效率，落实污水污泥资源化利用，在经济发展的同时兼顾资源、环境的可持续发展。如何实现在水资源总量控制、节能减排目标约束下的污水污泥资源化利用及社会经济最优化发展，需要通过建模和仿真模拟来验证。

第4章 福建省污水污泥处理综合政策动态模型构建

4.1 模型构建的理论基础

4.1.1 物质平衡理论

物质平衡理论萌芽于 1966 年的《即将到来的太空舱经济》，而后成为资源环境经济学中的重要概念。其特点是从能量守恒定律的角度来处理经济和环境系统中的问题。其主要内容包括热力学的能量守恒定律和熵增加定律。物质平衡理论认为，经济的生产和消费过程遵循质量守恒定律。环境系统和经济系统存在物质流动关系，在没有积累的情况下，环境系统投入经济系统的物质量大于等于经济系统排放到环境系统的物质量（李源，2011）。

物质平衡模型可以用公式 ES = EI + K 表示，公式中 ES 是环境系统对经济系统的物质投入，EI 是经济系统向环境系统的污染物质排放，K 是经济系统的物质积累。如图 4-1 所示，如果经济生产和消费过程不存在积累，即 K = 0，那么投入的环境物质必然以污染物质形式返回到环境中。在这个物质流动过程中环境的唯一功效就是为人类提供服务，即图 4-1 中的虚线部分。如图 4-2

所示，如果现实经济生产和消费活动中存在物质积累，即 K > 0，则存在循环利用，物质成为原材料的一部分，再次被利用。

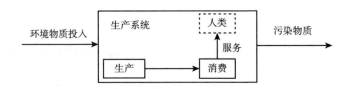

图 4 - 1　环境系统与经济系统物质流动关系

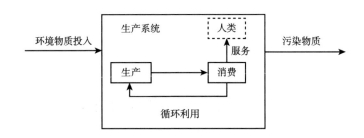

图 4 - 2　循环利用后环境系统与经济系统物质流动关系

　　物质平衡理论作为资源环境经济学的基本理论之一，其对经济系统的影响主要表现在"负外部性"的存在，以及"最优污染水平"的合理确定。由上述公式 ES = EI + K 可以推论出，EI 是导致"负外部性"的根源，并且在经济发展过程中，由于受到治理环境污染的技术和经济可行性限制，环境污染（EI）不可能被彻底消除，"负外部性"将伴随经济发展长期存在。因此，遵循"最优污染水平"的观点最能合理地降低"负外部性"所造成的影响。在"最优污染水平"的理论指导下，可以采取行政手段进行管制与约束，也可以运用税收与财政补贴、排污权交易等经济措施来降低环境污染的负外部性。

　　物质平衡理论也是可持续发展理论与循环经济理论的基础。首先，可持续发展理论的提出使人们认识到资源环境在社会经济发展中的作用与地位，认识到资源环境系统与经济系统之间的动态平衡。经济—社会—环境三者目标的统一，是对传统经济学的突破和发展，能有效弥补经济发展战略中对自然资源利用和环境污染的忽视。其次，循环经济理论强调的是把清洁生产和废弃物的综合利用相结合，它要求物质在经济系统内多次重复利用，进入系统的所有物质和能源在不断进行的循环过程中得到合理又持续的利用，尽可能地减少对自然资源环境的消耗；又要求经济系统排放到环境中的废弃物可以被环境消化，不超过环境系统的自净容量。

物质平衡理论对环境系统的影响主要表现在对自然资源的合理开发以及环境系统的承载能力。人类的经济活动既消耗资源又向环境排放废弃物。因此，经济的增长受到了资源承载力和环境容量的双重约束，要保证可持续发展，就必须将资源开发等经济活动限制在生态系统的资源承载力和环境容量的可承受范围内。由上述公式 $ES = EI + K$ 可以看出，资源的投入和经济的增长实质上是维持在一个动态的平衡当中。即社会生产的过程，就是将自然资源变为社会财富的过程，也是人类社会与周围环境进行物质交换的过程。社会生产所需要的全部物质要素都取自周围环境，而生产、消费以及整个再生产过程所产生的各种废弃物又都回到周围环境中去。社会生产循环往复，并且不断向自然界纵深推进，与周围环境的物质交换也就越趋于复杂化。这种物质交换过程如果符合自然和经济的发展规律，就会促进生产的发展，并赢得多方面的经济效果，同时环境的质量也会有所改善。环境质量的提高，反过来又为发展生产创造了有利的条件，形成一种良性的循环。因此，应该合理有效地开发利用自然资源，视环境容量为稀缺资源，保护环境系统的完整性，寻求解决经济发展与环境资源之间动态平衡发展的有效途径。

因此，物质平衡理论是本书研究模型构建的重要理论基础，用来指导区域内的各生产活动部门的物质投入、物质积累以及污染物质排放等物质流动现象。

4.1.2　能源平衡理论

能量流动也是环境—经济系统得以正常运行的必要条件，该系统是一个将能源转化为产品和废弃物的代谢过程。能流分析是用来评估能源使用效率的方法，它对环境—经济系统中能量的投入和产出进行量化分析，同时通过能量统计，对能源的初级输入、能源转换、最终能源使用、能源输出等过程进行结算。以往能流分析将各种性质和来源根本不同的能源以能量单位表示后进行比较和数量研究，然而不同类型的能源并不可比较和加减。以能值作为共同的度量标准，则可以将各种原本不可相加和比较的能量，通过其能值相加和比较，使系统分析建立在太阳能值为标准的基础上（蓝盛芳等，2002）。

区域能流分析建立的基本原理是能量守恒定律，即系统的总输入 = 总输出 + 净累积量。在能流分析中，分析的能源类型包括能源输入、能源转换、终端能源和有用能源、能源输出等（刘伟等，2008）。

（1）能源输入。输入经济系统的能源中最主要的一部分来自区域自然环境中的各种富含能量的物质（生物质、化石燃料等），利用的水能、风能等，原子能转化为热，或把太阳能转化为热及电能。此外，输入经济系统的能源还包括从其他国家和地区进口的化石燃料（原料或产品）、生物质（燃料）、电力等。能源输入可以描述为直接能源输入或者总一次能源输入。直接能源输入只包括实际进入经济系统的能源量，而总一次能源输入考虑了隐藏流（隐藏流是指获得直接输入但未通过社会经济系统的能量流）（Helmut，2001）。

（2）能源转换。能源转换是指通过计算一次能源转变为终端能源过程中的转化平衡。一般指化石燃料、水能等一次能源直接或间接转变为电能、热能、汽油、煤油、柴油、煤气等二次能源。例如，煤通过燃烧转换为热能，热能产生蒸汽驱动汽轮机转换为机械能，再带动发电机转换为电能。在现代工业社会中，最重要的转化过程通常是电力和热能，以及原油提炼和与煤相关的各种转化过程。转换后的二次能源比一次能源具有更高的终端利用效率，使用时更方便、更清洁。在能源转换过程中，不可避免地会伴有转换损失，如废热、摩擦损失等。

进入社会系统中的能源通常以不同的方式转换为其他能源，最终作为终端能源，即直接用于提供能源服务。能源输入的一部分没有用于能量供给，而是作为能源储备或富能物质存储下来。

（3）终端能源和有用能源。终端能源是指用于生产有用能源和最终能源服务的能源。终端能源也包括人类为了生存和活动，以及耕作动物所消耗的营养能源。能源服务是通过使用能源而获得的非物质服务。例如，能源服务包括供暖、把人或物品由 A 点转移到 B 点等，而不包括使用能源生产其他的能源载体，如用汽油发电等。有用能源是指在提供能源服务中实际做功的能源，主要包括动力、热能、光、数据处理等。终端能源和有用能源仅指系统中的能源转换，终端能源使用也直接与经济核算系统和不同部门的活动相关。然而，与能源输入相比，终端能源和有用能源很少与社会和自然环境系统相关，因为，从一次能源到终端能源，一次能源中的相当部分在转换过程中损失掉了，或者用于其他非能量目的。此外，社会的能量代谢效用主要取决于能源服务。目前，对于能源服务的数量，可以用有用能源的使用量来衡量。

（4）能源输出。能源输出主要包括能源在转换、使用过程中产生的环境污染物（主要指大气污染物、固体废弃物等）、热耗散、出口到区域外部的能源，以及本地获取所产生的隐藏流和出口能源相关的隐藏流。

而能源平衡描述的是社会经济生产过程中的能源供给与能源需求的关系。在现代经济中，通常运用能源平衡表对能源流进行分析。能源平衡表是由各种能源品种的单项平衡表组成的，将各种能源的资源供应、加工转换和终端消费等数据汇总记入若干张矩阵形式的表格内，直观地描述报告期内全国或地区各种能源的供应与需求和它们之间的加工转换关系，以及资源供应结构和消费需求结构。能源平衡表可以从数量上直观地揭示能源的资源、转换和终端消费间的平衡关系。利用能源平衡表对区域能源流动过程进行定量系统分析，能够科学地描述一定时空范围内能源与经济社会及生态环境之间的内在联系机制，有助于提出相应的政策与技术调控对策（陈操操，2013）。

4.1.3 价值平衡理论

价值平衡是社会总产品在各部类、各部门之间价值总量、构成及变化情况的平衡，通常运用价值型投入产出表来反应价值平衡关系。价值型投入产出表不仅统一了模型计量单位，还将经济活动中的物质流和价值流统一起来，能够综合反映社会生产中物质的和非物质的、有形的和无形的、实体的和虚拟的全部经济活动，能够更加直观地揭示经济系统的价值平衡关系。

投入产出表的编制是投入产出分析运用的基础。在 20 世纪 50 年代之后，国外编制投入产出表的工作进展较快。我国在 20 世纪 60 年代初开始了投入产出研究工作，1974～1976 年，在国家计委计算中心的组织下，中国第一张 1973 年度 61 种产品的实物型投入产出表编制完成。

投入产出表通过一张棋盘式平衡表，描述了国民经济各部门在一定时期内生产活动的投入来源和产出使用去向，揭示了国民经济各部门间相互依存、相互制约的数量关系，是联系经济理论与现实之间不可或缺的桥梁。我国的投入产出表是产品部门×产品部门的二维表，行向表示产品的产出及其使用去向，列向表示生产过程中的投入结构，行与列相互交叉构成了三个象限。中间投入与中间使用交叉部分为第一象限，最终使用部分为第二象限，增加值部分（包含劳动者报酬、生产税净额、固定资产折旧、营业盈余等）为第三象限，具体如图 4-3 所示。

在投入产出表中，第一象限每个数字都具有双重意义：沿行方向看，反映某产品部门生产的货物或服务提供给各产品部门使用的价值量，被称为中间使用；沿列方向看，反映某产品部门在生产过程中消耗各产品部门生产的货物或服务的价值量，被称为中间投入。第一象限是投入产出表的核心，它揭示了国民经济各产品部门之间相互依存、相互制约的技术经济联系，反映了国民经济各部门之间相互依赖、相互制约的数量关系。第二象限行向表示

投入\产出		中间使用			最终使用			进口	总产出
		产品部门1	... 产品部门*i* ...	产品部门*n*	消费支出	资本形成总额	出口		
中间投入	产品部门1 ⋮ 产品部门*i* ⋮ 产品部门*n*	第一象限 (x_{ij})			第二象限				X_i
	增加值	第三象限							
	总投入	X_j							

图 4 - 3　我国投入产出表结构

某产品作为最终产品使用的各种用途，如消费、资本形成或出口，以及进口的情况；列向反映各类最终使用和进口的具体结构。第三象限行向反映某个具体的最初投入在不同部门的情况，列向反映各部门增加值构成情况（贾俊霞，2021）。

投入产出表有以下三个平衡关系。

（1）行平衡关系：

中间使用 + 最终使用 + 其他 = 总产出 + 流入

（2）列平衡关系：

中间投入 + 增加值 = 总投入

（3）总量平衡关系：

总投入 = 总产出

每个部门的总投入 = 该部门的总产出

中间投入合计 = 中间使用合计

在投入产出表的基础上，可计算直接消耗系数矩阵和完全消耗系数矩阵，进行部门间的消耗分析。直接消耗系数是以部门间的生产技术联系为基础的，表明部门间的直接消耗关系，直接消耗系数越大，说明联系越紧密；完全消耗系数矩阵从完全需求的角度反映出各部门深层次的相互间的依赖关系，它从最终产品和总产出的关系上阐明了经济活动规律，完全地反映了提供单位产品将对各部门产品的完全消耗量的需求。

基于投入产出模型的投入产出分析能够为国民经济运行编制经济计划，特别是为中长期计划的编制提供依据，能够进行产业结构分析、经济预测，还可以用来研究重要经济政策对经济的影响，或者研究专门的社会问题，如环境污染、资源消耗等问题。

4.2 福建省污水污泥处理综合政策概念模型和基本设定

基于物质平衡、价值平衡和能源平衡三个平衡理论，结合福建省社会经济发展、污水污泥资源化利用、环境污染排放、能源消耗等现状，以投入产出模型为基础，构建福建省污水污泥再利用与城市可持续发展综合政策动态最优化模型。

4.2.1 概念模型和数据来源

4.2.1.1 概念模型

基于价值平衡理论、物质平衡理论、能源平衡理论，构建福建省污水污泥再利用与城市可持续发展综合政策动态最优化模型，该模型包括一个目标函数（GRP 最大化）和五个子模型，即社会经济发展模型、水资源平衡模型、能源平衡模型、水污染物质排放模型、污泥处置处理模型（见图 4-4），以实现在水资源消耗、能源消耗、环境污染物排放等多重约束下的地区经济可持续增长。

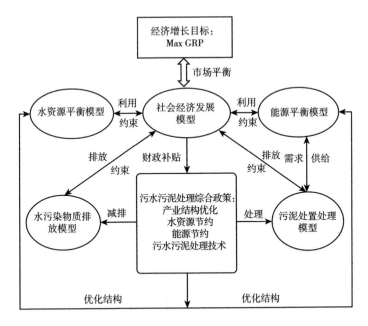

图 4 - 4　福建省污水污泥处理综合政策概念模型

其中，社会经济发展模型描述各产业资本投入和社会产出之间的市场平衡关系，通过投入产出系数以及综合政策的影响因子，动态内生模拟出各目标年的地区生产总值；水资源平衡模型描述经济活动和居民生活的水资源消耗始终小于水资源供给，通过各产业及居民生活的水资源消耗系数内生出各目标年的水资源需求量；能源平衡模型描述社会经济活动中的能源消耗与约束，通过各产业及居民生活的能源消耗系数内生出各目标年的能源消耗量，并对规划年的能源消耗强度设置限值，从而约束社会经济活动；水污染物质排放模型描述社会经济活动产生的水污染物质排放情况，通过各产业及居民生活的水污染物质排放系数动态内生出各目标年的水污染物质排放，并对水污染物质排放设置减排限值，约束社会经济活动；污泥处置处理模型描述社会生产活动的污泥排放及处置处理情况，通过处理污水的污泥排放系数模拟出各目标年的污泥排放量。

上述五个子模型相互联动、相互制约。社会经济生产活动要消耗水资源、能源等生产资料，同时向环境中排放污水污泥等污染物。在净资本积累量不变的前提下，如果不存在某些刺激使排入水环境的残余物保持在低水平，那么对水资源的消耗和开采将会更高。如果政府公共政策忽视了环境治理问题，那么社会经济效益不仅将要因水环境污染而付出代价，而且还会因水资源和环境容量超载而受到损害（汤姆·蒂坦伯格、琳恩·刘易斯，2016）。因此，政府通过财政补贴引入污水污泥处理综合政策，包括产业结构优化，资源、能源节约利用和污水污泥处理综合政策。

为了实现模型的综合模拟与评价，本书根据研究区域的实际情况，尽可能多地用线性方程表示实际情况，并运用 LINGO 软件将线性方程组编写为程序语言（Yan Jingjing et al. ，2014），通过软件进行模拟与试算，最终得出全局最优解，即最优政策组合方案。

模型假设在模拟期内，福建省价值流、物质流在区域内进行；居民生活与产业生产的水资源消耗系数、污水污泥排放系数、能源消耗系数保持不变；产业间投入产出系数不变，各产业附加价值率不变；污水及污泥处理厂建设后直接投产。

4.2.1.2 数据来源

数据来源于国家公布的数据、实地调研数据和计算数据三个部分。其中，国家公布的数据有《福建统计年鉴》（2012～2020年）、《福建省水资源公报》（2012～2020年）以及《福建省投入产出表2012》《全国污染源普查产排污系数手册》《全国投运城镇污水处理设施清单》等；另外，通过大量的实地调研，从福建省政府、环保厅、国土资源厅获得《福建省国民经济和社会发展"十三五"规划》《福建省"十三五"环境保护规划》《福建省"十三五"能源发展专项规划》、福建省2012～2016年污染物质排放数据等相关数据；根据所收集到的数据情况，对模型所需要的系数进行计算、匹配，最终完成数据收集工作。

4.2.2　福建省区域划分

由于平潭综合实验区成立于 2013 年，历史数据缺失，因此将 2013 年后平潭综合实验区的统计数据合并在福州市范围内。为了制定和落实区域性政策，将福建省研究区域划分为 9 个地区（见表 4 - 1），即福州市、厦门市、莆田市、三明市、泉州市、漳州市、南平市、龙岩市和宁德市。

表 4 - 1 　　　　　　　　　　研究区域划分

序号	区域	序号	区域
1	福州市	6	漳州市
2	厦门市	7	南平市
3	莆田市	8	龙岩市
4	三明市	9	宁德市
5	泉州市		

4.2.3　福建省产业划分

为了更好地分析福建省社会经济和环境变化情况，本书利用《福建省投入产出表2012》，根据污染物质排放系数和能源消耗系数将相近的产业进行合并，将投入产出表重新划分为 9 个产业部门（见表 4 - 2）。各产业部门的水资源消耗、能源消耗、污水污泥排放等系数（详见附录）是基于 2012 ~ 2016 年《福建统计年鉴》、环境统计等资料整理得出。

表 4 - 2 　　　　　　　　　　福建省产业划分

序号	产业划分
1	农林牧渔业
2	采矿业
3	食品、烟草、纺织、木材及其他制造业

续表

序号	产业划分
4	石油化工及金属、非金属制品业
5	装备制造业
6	电力、热力、燃气、水的生产和供应业
7	建筑业
8	商贸、交通、仓储及餐饮业
9	信息技术、金融、房产及其他服务业

4.2.4　水污染物质划分

4.2.4.1　水污染物质分类

采用水污染物质总量控制的手段，以达到改善水环境的目的。一般用总磷、总氮和 COD 等有机物质来描述水质污染情况（Kyou et al.，1998；Chae et al.，2007；Wang et al.，2008；Jing et al.，2009）。由于数据收集受限，选择 COD 作为衡量福建省水污染物质排放的重要指标（见表 4 − 3）。

表 4 − 3　　　　　　　　　水污染物质分类

序号	水污染物质
1	化学需氧量（COD）

4.2.4.2　水污染物质发生源

福建省水污染物质发生源见表 4 − 4。城镇生活的水污染物质排放来自集中式治理设施和未经处理的直接排放；产业生产活动的水污染物质排放来自 9 个产业部门，即农林牧渔业，采矿业，食品、烟草、纺织、木材及其他制造业，石油化工及金属、非金属制品业，装备制造业，电力、热力、燃气、水的生产和供应业，建筑业，商贸、交通、仓储及餐饮业，信息技术、金融、房产及其他服务业。

表 4 −4　　　　　　　　　　　　　　水污染物质发生源

城镇生活	产业生产
1 未经处理	1 农林牧渔业
2 集中式治理设施	2 采矿业
	3 食品、烟草、纺织、木材及其他制造业
	4 石油化工及金属、非金属制品业
	5 装备制造业
	6 电力、热力、燃气、水的生产和供应业
	7 建筑业
	8 商贸、交通、仓储及餐饮业
	9 信息技术、金融、房产及其他服务业

4.2.5　污水污泥处理综合政策和技术

4.2.5.1　政策组合

为了实现水资源、能源再生利用、污水污泥减排多重约束下的地区生产总值最大化，根据福建省的实际情况，提出相应的政策组合（见表 4 −5）。包括产业结构优化、污水污泥处理、节能减排等综合政策。即生产活动要在水污染物排放、水资源消耗和能源消耗的多重约束下进行产业结构的优化调整；在污水污泥处理方面，根据各市的污水污泥处理需求及不同处理技术的成本，分配新技术，不仅可以提高污染物的去除能力，减少污染物排放，还可以实现再生水循环和污泥资源化利用，增加水资源供给和能源供给。

表 4 −5　　　　　　　　　　　　　污水污泥处理综合政策

类别	序号	政策
社会生产活动	1	产业结构优化
污水污泥处理	2	污水处理技术引进
	3	污泥处理技术引进
节能减排	4	能源消耗约束
	5	水污染排放约束

4.2.5.2 污水处理技术

为了提高福建省污水处理能力，在沿用现有的活性污泥传统处理方法外，引入国际先进的膜处理技术，该技术目前已经被广泛应用于发达国家和地区。在本书研究中，我们引入四种膜处理技术，即传统的膜生物处理技术（MBR）、双膜生物处理技术（DMBR）、陶瓷膜生物处理技术（CMBR）、萃取膜生物处理技术（EMBR）。

五种污水处理技术的出水水质指标均低于国家 2006 年颁布的灌溉用水的标准，COD 的处理率很高，经过以上技术所处理的再生水符合国家要求。其中，传统的活性污泥法污水处理量较大，新建污水处理厂费用为 18000 万元，中水产出率仅为 73%，环境效率和投资效率较低，运行成本为 2.2 元/吨，出水水质较差，能够用于对水质要求不高的农业灌溉和城市绿化；膜生物处理技术具有较低的运行成本，中水产出率为 77%，投资效率高，运行成本低，适合规模较大的工业污水处理厂；双膜生物处理技术中水产出率为 80%，环境效率和投资效率水平适中，运行成本为 3 元/吨，出水水质能够用于工业用水和农业灌溉；陶瓷膜生物处理技术中水处理率为 85%，环境效率较高，投资效率较低，运行成本为 3.6 元/吨，出水水质能够满足生态用水的需求，同时也能够用于工业用水和灌溉用水；萃取膜生物处理技术适合建设规模较小的污水处理厂，中水产出率达到 95%，环境效率和投资效率较高，运行成本为 1.8 元/吨（见表 4 - 6）。

表 4 - 6 污水处理技术参数

项目	活性污泥法（A/O）	膜生物处理技术（MBR）	双膜生物处理技术（DMBR）	陶瓷膜生物处理技术（CMBR）	萃取膜生物处理技术（EMBR）
建设费用（万元）	18000	13000	16500	7000	500
污水处理量（万吨/年）	3000	1300	3650	1095	150
再生水生产量（万吨）	2200	1000	2920	930	143

续表

项目	活性污泥法（A/O）	膜生物处理技术（MBR）	双膜生物处理技术（DMBR）	陶瓷膜生物处理技术（CMBR）	萃取膜生物处理技术（EMBR）
中水产出率（％）	0.73	0.77	0.80	0.85	0.95
环境效率（千克/万吨）	3300	3300	3450	3540	5600
投资效率（万吨/万元）	0.17	0.36	0.22	0.16	0.3
运行成本（元/吨）	2.2	1.5	3	3.6	1.8

注：中水产出率 = 再生水生产量/污水处理量；

环境效率以化学需氧量 COD 去除率来衡量，环境效率 = COD 去除量/污水处理量；

投资效率 = 污水处理量/建设费用。

每项污水处理技术在建设成本、污水处理能力、环境效率、投资效率、运行成本上各不相同，要运用数学模型进行模拟，从而为每个区市选择合适的污水处理技术。

4.2.5.3　污泥处理技术

污泥处理技术以德国的厌氧发酵—流化床干燥技术和日本的流化床干化燃烧技术为例。这两种技术路线已经在嘉兴、大连、青岛、上海等地的示范性污泥处理厂中应用，本书分别对每种技术路线选取两个污泥处理厂的参数进行计算。技术路线名称为：厌氧发酵—流化床干燥技术（A - D - F）和流化床干化燃烧技术（F - C），分别标注为 a、b。其中，污泥厌氧发酵技术不仅可以去除水污染物质，还可以产生沼气发电，污泥厌氧消化效率最大时所产生的沼气可代替污水处理厂 70%～80% 的能耗（任鸿梅、任龙飞，2017）。而污泥干化燃烧技术利用焚烧炉将脱水污泥加温干燥、燃烧，并利用燃烧产生的热量发电（肖本益等，2020），通过换算，两种污泥处理技术产生的发电量分别为 207kW·h/t、277kW·h/t。两种技术路线的投入产出情况见表 4 - 7，其中投资费用包含土地成本、建设成本和技术设备费用。两者对比，A - D - F 技术路线具有较高的投资成本和较低的运行成本。

表 4 - 7   不同污泥处理技术投入产出分析

技术路线	投资（元/吨）	运行成本（元/吨）	污泥处理能力（万吨）	甲烷产量（立方米/吨）	发电量（千瓦时/吨）
A - D - F	526	714	5	138	207
F - C	500	1250	5	—	277

4.3　福建省污水污泥处理综合政策动态模型构建

根据福建省的实际情况，构建了包括社会经济发展模型、水资源平衡模型、能源平衡模型、水污染物质排放模型、污泥处置处理模型的相互联动的动态模型，模拟在水资源消耗、能源消耗、环境污染物排放等多重约束下实现地区经济可持续增长的污水污泥处理综合政策。根据收集的产业规划、能源规划、环保规划、污水处理及再生利用设施建设规划，为了统一规划目标，将目标期设置为 2012～2025 年，共 14 年。模型中的变量分为内生变量（简称内生）和外生变量（简称外生）两种。

4.3.1　目标函数

福建省目前仍处于工业化加速发展阶段，叠加良好的生态环境以及新兴战略性产业的转型升级发展，因此将考虑了社会折旧的区域经济生产总值（gross regional product，GRP）最大化设定为目标函数。每一期的 GRP 值由每个产业部门当期产值与附加价值率决定。

$$\text{MAX} \sum_{t} \frac{1}{(1 + \rho)^{t-1}} GRP(t) \quad t = 1,2,\cdots,13 \qquad (4-1)$$

$$GRP(t) = \sum_{m} \eta_m \cdot X^m(t) \quad m = 1,2,\cdots,9 \qquad (4-2)$$

（$m=1$：农林牧渔业；$m=2$：采矿业；$m=3$：食品、烟草、纺织、木材及其他制造业；$m=4$：石油化工及金属、非金属制品业；$m=5$：装备制造业；$m=6$：电力、热力、燃气、水的生产和供应业；$m=7$：建筑业；$m=8$：商贸、交通、仓储及餐饮业；$m=9$：信息技术、金融、房产及其他服务业）

式中，

t：目标期，取值为 $1 \sim 13$；

m：产业部门，取值为 $1 \sim 9$；

ρ：社会折旧率，考虑了宏观经济总体价格水平，取值为 0.05（外生）；

$GRP(t)$：第 t 期福建省地区生产总值（内生）；

η_m：产业 m 的附加价值率（外生）；

$X^m(t)$：第 t 期福建省产业 m 的生产总值（内生）。

4.3.2　社会经济发展模型

社会经济发展模型包括社会人口增长、市场均衡模型等。

4.3.2.1　社会人口增长

近年来，福建省人口总量仍处于上升趋势，城镇化水平不断提高。人口增长历来被认为是环境退化的主要原因之一，为了考虑人口增长对资源消耗、环境污染排放的影响，对人口数量进行模拟。由于城乡差别较大，将社会人口划分为城镇人口和乡村人口。根据"人口转变理论"（汤姆·蒂坦伯格、琳恩·刘易斯，2011），福建省正处于工业化加速发展阶段，人口死亡率低，出生率变动不大，在目标期内人口将保持增长。本书研究计算福建省 9 个市过去5年的人口自然增长率的平均值，将其作为目标期内各市的人口自然增长率（详见附录）。

$$P_j^{city}(t+1) = (1+\gamma^j) \cdot P_j^{city}(t) \qquad (4-3)$$

$$P_j^{country}(t+1) = (1+\gamma^j) \cdot P_j^{country}(t) \qquad (4-4)$$

式中，

$P_j^{city}(t)$：第 t 期第 j 区城镇人口数（内生），当 $t=1$ 时，为初始值；

$P_j^{country}(t)$：第 t 期第 j 区乡村人口数（内生），当 $t=1$ 时，为初始值；

γ^j：第 j 区人口自然增长率。

4.3.2.2 市场均衡模型

本书研究根据福建省产业结构特征，将投入产出表合并为9个产业部门，根据合并后的投入产出表构建市场均衡模型。基于里昂惕夫矩阵的市场均衡模型指出，各产业部门的产值由产业间的投入产出、消费、投资、净出口、引入污水污泥综合政策的投资共同决定。各产业部门的总产值要大于或等于中间投入和最终需求之和。因此，产业发展的动态均衡用以下公式表示：

$$X^m(t) \geq A \cdot X(t) + C(t) + I^m(t) + \beta_1 \cdot I^{sp}(t) + \beta_2 \cdot I^{st}(t) + NE(t) \qquad (4-5)$$

$$I^{sp}(t) = \sum_j I_j^{sp}(t) \qquad (4-6)$$

$$I^{st}(t) = \sum_j I_j^{st}(t) \qquad (4-7)$$

$$X^m(t) = \sum_j X_j^m(t) \qquad (4-8)$$

式中，

$X^m(t)$：第 t 期，产业 m 的生产总值（内生）；

A：投入产出系数矩阵（外生）；

$X(t)$：第 t 期，产业生产总值矩阵（内生），当 $t=1$ 时，为初始值；

$C(t)$：第 t 期，产业消费矩阵（内生），当 $t=1$ 时，为初始值；

$I(t)$：第 t 期，产业投资矩阵（内生），当 $t=1$ 时，为初始值；

β_1：新污水处理技术引入后，对产业发展的影响系数（外生）；

β_2：新污泥处理技术引入后，对产业发展的影响系数（外生）；

$I^{p}(t)$：第 t 期，新污水处理技术的总投资（内生）；

$I^{st}(t)$：第 t 期，新污泥处理技术的总投资（内生）；

$N(t)$：第 t 期，产业净出口矩阵（内生），当 $t=1$ 时，为初始值；

$I^{p}_{j}(t)$：第 t 期，第 j 区，新污水处理技术的投资（内生）；

$I^{st}_{j}(t)$：第 t 期，第 j 区，新污泥处理技术的投资（内生）；

$X^{m}_{j}(t)$：第 t 期，第 j 区，产业 m 的生产总值（内生），当 $t=1$ 时，为初始值。

4.3.3　水资源平衡模型

福建省水资源供给来源于常规水和非常规水两部分。其中，常规水包括地表水、地下水。非常规水以再生水、雨水等其他水资源为主。常规水资源供给方向为居民生活用水、产业用水和生态环境用水。非常规水资源由于水质标准不同，供给方向为农业灌溉用水、工业用水和城市环境用水。所有的水资源使用后一部分直接排放到当地地表水，另一部分进入污水处理厂进行处理后排出。在目标期内，污水处理能力分为现有的污水处理能力和新增的污水处理能力。随着污水处理设备的增加，污水处理能力不断增加，经过污水处理厂生产的再生水可直接循环再利用。福建省水资源循环利用情况如图 4 - 5 所示。

4.3.3.1　水资源供需平衡

为了保证社会经济的可持续发展，水资源供给量应大于等于水资源需求

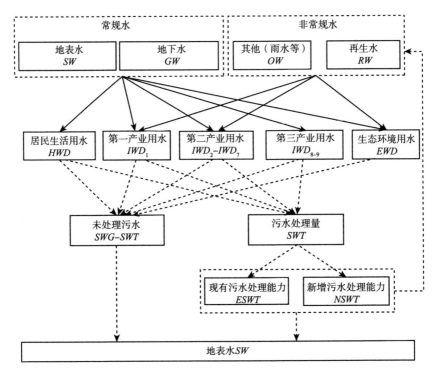

图 4 - 5 水资源循环利用

量。根据《"十三五"水资源消耗总量和强度双控行动方案》，到 2020 年，福建省全省用水总量控制在 223 亿立方米以内。

$$TWS(t) \geqslant TWD(t) \qquad (4-9)$$

式中，

$TWS(t)$：第 t 期，水资源供给总量（外生）；

$TWD(t)$：第 t 期，水资源需求总量（内生）。

4.3.3.2 水资源供给

根据福建省水资源利用现状分析，福建省水资源供给主要来源于地下水资源、地表水资源、再生水资源和其他水资源。在本书研究中，假设水资源开发工程在短期内不改变地下水、地表水和其他水资源量，仅通过污水处理技术的引入和用水结构的调整来增加水资源供给，提高水资源利用效率（So-froniou et al.，2014；Tan et al.，2013）。其中，通过引入污水处理技术产生的再生水，由各市的再生水加总得来。

$$TWS(t) = GW(t) + SW(t) + RW(t) + OW(t) \qquad (4-10)$$

$$RW(t) = \sum_j RW^j(t) \qquad (4-11)$$

式中，

$GW(t)$：第 t 期，地下水资源供给量（内生）；

$SW(t)$：第 t 期，地表水资源供给量（内生）；

$RW(t)$：第 t 期，再生水资源供给量（内生）；

$RW^j(t)$：第 t 期，区域 j 再生水资源供给量（内生）；

$OW(t)$：第 t 期，其他水资源供给量（内生）。

4.3.3.3   水资源需求

根据实际情况，福建省水资源需求分配给居民生活用水、产业生产用水和城市环境用水。其中，居民生活用水由城镇人口和乡村人口及其用水系数决定；产业生产用水由每个产业产值与产业需水系数决定；假设城市环境用水在模拟期内保持不变。

$$TWD(t) = HWD(t) + IWD(t) + EWD(t) \qquad (4-12)$$

$$HWD(t) = \sum_j ew^{city} \cdot P_j^{city}(t) + \sum_j ew^{country} \cdot P_j^{country}(t) \qquad (4-13)$$

$$IWD(t) = \sum_j \sum_m ew^m \cdot X_j^m(t) \qquad (4-14)$$

式中，

$HWD(t)$：第 t 期，居民用水需求量（内生）；

$IWD(t)$：第 t 期，产业用水需求量（内生）；

$EWD(t)$：第 t 期，城市环境用水需求量（内生）；

ew^{city}：城镇人口需水系数（外生）；

$ew^{country}$：乡村人口需水系数（外生）；

ew^{m}：产业 m 需水系数（外生）。

4.3.3.4 再生水生产

要计算再生水生产量，需先计算污水产生量。污水排污源于居民生活用水、产业生产用水及城市环境用水。其中，居民污水排放由城镇人口、乡村人口及其污水排放系数决定；产业污水排放由各产业产值和污水排放系数决定；假设城市环境用水不经过污水处理，使用量即为污水排放量。

污水产生量计算公式如下：

$$SWG(t) = HSW(t) + ISW(t) + EWD(t) \qquad (4-15)$$

$$HSW(t) = \sum_{j} es^{city} \cdot P_{j}^{city}(t) + \sum_{j} es^{country} \cdot P_{j}^{country}(t) \qquad (4-16)$$

$$ISW(t) = \sum_{j} \sum_{m} es^{m} \cdot X_{j}^{m}(t) \qquad (4-17)$$

式中，

$SWG(t)$：第 t 期，污水产生总量（内生）；

$HSW(t)$：第 t 期，居民生活污水产生量（内生）；

$ISW(t)$：第 t 期，产业生产活动污水产生量（内生）；

es^{city}：城镇居民生活污水产生系数（外生）；

$es^{country}$：乡村人口生活污水产生系数（外生）；

es^{m}：各产业生产活动污水产生系数（外生）。

根据实际情况，并不是所有的污水都经过污水处理，因此，污水处理量小于等于污水产生量。污水处理总量由现有污水处理能力与引进新污水处理技术后新增的污水处理能力决定。根据《推进城市污水管网建设改造和黑臭水体整治工作方案》，到 2020 年城市污水处理率达到 95% 以上，县城污水处理率达到 90% 以上，全省污水处理率取平均值 92.5%。在本书研究中，拟引入五项污水处理技术，即活性污泥法、膜生物处理技术（MBR）、双膜生物处理技术（DMBR）、陶瓷膜生物处理技术（CMBR）、萃取膜生物处理技术（EMBR），分别标识为技术 A、B、C、D、E。

污水处理量计算公式如下：

$$SWG(t) \geqslant SWT(t) \tag{4-18}$$

$$RATE\_wt(t) = SWT(t)/SWG(t) \tag{4-19}$$

$$RATE\_wt(9) \geqslant 0.925 \tag{4-20}$$

$$SWT(t) = ESWT(t) + NSWT(t) \tag{4-21}$$

$$ESWT(t) = \sum_j ESWT_j(t) \tag{4-22}$$

$$NSWT(t) = \sum_j (NSWT_j^A(t) + NSWT_j^B(t) + NSWT_j^C(t) + NSWT_j^D(t) + NSWT_j^E(t)) \tag{4-23}$$

式中，

$SWT(t)$：第 t 期，污水处理总量（内生）；

$RATE\_wt(t)$：第 t 期，污水处理率（内生）；

$ESWT(t)$：第 t 期，现有污水处理量（内生）；

$NSWT(t)$：第 t 期，新增污水处理量（内生）；

$ESWT_j(t)$：第 t 期，区域 j 现有污水处理量（内生），当 $t=1$ 时，为初始值；

$NSWT_j^A(t)$：第 t 期，区域 j 引入技术 A 后新增的污水处理量（内生）；

$NSWT_j^B(t)$：第 t 期，区域 j 引入技术 B 后新增的污水处理量（内生）；

$NSWT_j^C(t)$：第 t 期，区域 j 引入技术 C 后新增的污水处理量（内生）；

$NSWT_j^D(t)$：第 t 期，区域 j 引入技术 D 后新增的污水处理量（内生）；

$NSWT_j^E(t)$：第 t 期，区域 j 引入技术 E 后新增的污水处理量（内生）。

由于每种污水处理技术的再生水生产能力不同，再生水生产量由现有再生水生产能力和引入新污水处理技术后新增的再生水生产能力加总而得。

再生水生产量计算公式如下：

$$RW(t) = ERWP(t) + NRWP(t) \qquad (4-24)$$

$$NRWP(t) = \sum_j [\rho \cdot NSWT_j^A(t) + \varphi \cdot NSWT_j^B(t) + \omega \cdot NSWT_j^C(t)$$
$$+ \tau \cdot NSWT_j^D(t) + \delta \cdot NSWT_j^E(t)] \qquad (4-25)$$

式中，

$RW(t)$：第 t 期，再生水生产总量（内生）；

$ERWP(t)$：第 t 期，现有再生水生产量（内生）；

$NRWP(t)$：第 t 期，新增再生水生产量（内生）；

ρ：污水处理技术 A 的再生水产出率；

φ：污水处理技术 B 的再生水产出率；

ω：污水处理技术 C 的再生水产出率；

τ：污水处理技术 D 的再生水产出率；

δ：污水处理技术 E 的再生水产出率。

根据《"十三五"全国城镇污水处理及再生利用设施建设规划》，到 2020 年，污水再生利用规模将达到 66 万立方米/日，即 24090 万立方米。用计算公式表示如下：

$$RW(9) \geqslant 24090 \qquad (4-26)$$

4.3.4　能源平衡模型

能源平衡模型描述福建省能源供给与能源需求间的关系。由于引入了新的污水污泥处理技术，将会产生新的能源消耗和能源供给。将能源供给划分为现有能源供给和引入新污泥处理技术后新产生的能源供给。能源需求来自产业生产、新增污水污泥处理技术及居民最终消费。此外，用能源消耗强度指标对目标期内福建省的能源消耗进行约束。

4.3.4.1　能源供给总量

假设在目标期内，福建省现有能源供给能力保持不变，通过产业结构调整及新污泥处理技术引入来增加新的能源供给量。能源供给总量公式如下：

$$TES(t) = ETES(t) + STEP(t) \tag{4-27}$$

$$STEP(t) = \sum_j [\varphi \times NST_j^a(t) + \theta \times NST_j^b(t)$$
$$+ \kappa \times NST_j^c(t) + \lambda \times NST_j^d(t)] \tag{4-28}$$

式中，

$ETES(t)$：第 t 期，现有能源供给总量（内生）；

$STEP(t)$：第 t 期，引入新污泥处理技术后增加的能源供给量（内生）；

φ：污泥处理技术 A 的能源生产系数（外生）；

θ：污泥处理技术 B 的能源生产系数（外生）；

κ：污泥处理技术 C 的能源生产系数（外生）；

λ：污泥处理技术 D 的能源生产系数（外生）。

4.3.4.2　能源需求总量

能源需求来源于产业生产活动、新增污水污泥处理技术和居民最终消费。能源需求总量公式如下：

$$TED(t) = IED(t) + SWED(t) + STED(t) + CED(t) \tag{4-29}$$

$$IED(t) = \sum_j \sum_m ed^m \cdot X_j^m(t) \tag{4-30}$$

$$SWED(t) = \delta \cdot NSWT(t) \tag{4-31}$$

$$STED(t) = \sum_j [\omega \times NST_j^a(t) + \psi \times NST_j^b(t)$$
$$+ \xi \times NST_j^c(t) + \zeta \times NST_j^d(t)] \tag{4-32}$$

$$CED(t) = ed^c \cdot C(t) \qquad\qquad (4-33)$$

式中，

$IED(t)$：第 t 期，产业生产活动的能源需求量（内生）；

$SWED(t)$：第 t 期，引入新污水处理技术所需的能源消耗（内生）；

$STED(t)$：第 t 期，引入新污泥处理技术所需的能源消耗（内生）；

ω：污泥处理技术 A 的能源需求系数（外生）；

ψ：污泥处理技术 B 的能源需求系数（外生）；

ξ：污泥处理技术 C 的能源需求系数（外生）；

ζ：污泥处理技术 D 的能源需求系数（外生）；

$CED(t)$：第 t 期，居民最终消费的能源需求量（内生）；

ed^m：产业 m 的能源需求系数（外生）；

δ：新污水处理技术处理量的能源需求系数（外生）；

ed^c：居民最终消费的能源需求系数（外生）。

4.3.4.3　能源消耗强度约束

根据能源平衡理论，能源供给要大于等于能源需求。根据《福建省"十三五"规划纲要》，2015 年万元 GDP 能耗为 0.531 吨标准煤，到 2020 年万元 GDP 能耗为 0.446 吨标准煤，到 2025 年万元 GDP 能耗为 0.4 吨标准煤。此外，在模拟实验过程中，可适当调整万元 GDP 能源消耗强度，观察能源消耗约束对产业结构调整和社会经济发展的影响程度。能源消耗约束将制约能源需求结构，从而优化产业结构。产业的可持续发展要在能源消耗约束下进行。因此，能源消耗约束计算公式如下：

$$TES(t) \geqslant TED(t) \qquad\qquad (4-34)$$

$$EC\_gdp(t) = TED(t) / GRP(t) \qquad\qquad (4-35)$$

$$EC\_gdp(4) \leqslant 0.531 \qquad\qquad (4-36)$$

$$EC\_gdp(9) \leqslant 0.446 \tag{4-37}$$

$$TED(9) \leqslant 14500 - 16150 \tag{4-38}$$

式中,

$TES(t)$: 第 t 期, 能源供给总量 (内生);

$TED(t)$: 第 t 期, 能源需求总量 (内生);

$EC\_gdp(t)$: 第 t 期, 万元 GDP 能耗 (内生)。

4.3.5　水污染物排放模型

水污染物排放约束从水污染物质的产生、处理和排放三个环节进行控制。水污染物质来源于居民排放、产业生产活动排放、面源污染及降雨污染。一部分污水未经过污水处理, 水污染物质直接排放到当地地表水中; 另一部分污水经过污水处理, 分为现有污水处理设备和新增的污水处理设备, 从而增加了水污染物质去除量。面源污染和降雨所产生的水污染物质由于难以进行集中处理, 因此直接流入当地地表水 (见图 4-6)。

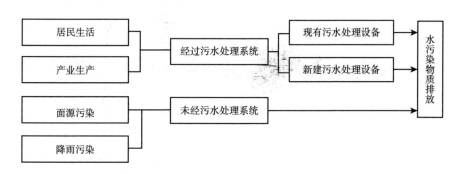

图 4-6　水污染物质流动图

4.3.5.1　水污染物质排放控制

根据数据的可获得情况, 选取化学需氧量 (COD) 来描述福建省水污染物质排放情况。福建省 COD 排放量等于居民排放量、产业排放量、面源排放量、雨水排放量加总减去已去除的污染物质排放量得到。水污染物质负荷总量是各区域的水污染物质负荷量之和。根据《福建省"十三五"规划纲要》，COD 排放量年均减少 3%。在进行模拟实验时，福建省每年的 COD 排放量不能超过排放上限值。COD 排放量计算公式如下：

$$TP\_cod(t) = IWP\_cod(t) + HWP\_cod(t) + NWP\_cod(t)$$
$$+ RP\_cod(t) - SP\_cod(t) \tag{4-39}$$

$$TP\_cod(t+1) = TP\_cod(t) \cdot (1 - 3\%) \tag{4-40}$$

式中，

$TP\_cod(t)$：第 t 期，COD 排放总量（内生）；

$IWP\_cod(t)$：第 t 期，产业源 COD 排放量（内生）；

$HWP\_cod(t)$：第 t 期，居民源 COD 排放量（内生）；

$SP\_cod(t)$：第 t 期，通过污水处理设施去除的 COD 排放量（内生）。

4.3.5.2 居民源污染物质排放

居民源水污染物质排放量由城镇人口、乡村人口及其 COD 排放系数决定，计算公式如下：

$$HWP\_cod(t) = \sum_j ep^{city} \cdot p^{city}_j(t) + \sum_j ep^{country} \cdot p^{country}_j(t) \tag{4-41}$$

式中，

ep^{city}：城镇人口 COD 排放系数（外生）；

$p^{city}_j(t)$：第 t 期，区域 j 城镇人口数（内生）；

$ep^{country}$：乡村人口 COD 排放系数（外生）；

$p^{country}_j(t)$：第 t 期，区域 j 乡村人口数（内生）。

4.3.5.3 产业源污染物质排放

产业排放量由每个区排放量加总求和得到，其中，各区排放量由各产业产值和各产业 COD 排放系数决定，计算公式如下：

$$IWP\_cod(t) = \sum_j \sum_m ep^m \cdot X_j^m(t) \qquad (4-42)$$

式中，

ep^m：产业 m 的 COD 排放系数（外生）；

$X_j^m(t)$：第 t 期，第 j 区，产业 m 的生产总值（内生）。

4.3.5.4 面源污染物质排放

面源排放量由各面源（分为农田、林果、草场、城市用地及其他）面积与其排污系数决定，计算公式如下：

$$NWP\_cod(t) = \sum_l ep^k \cdot L^k(t) \qquad (4-43)$$

式中，

ep^k：第 k 种土地类型 COD 排放系数（内生）；

$L^k(t)$：第 t 期，第 k 种土地类型的面积（内生）。

4.3.5.5 降雨污染物质排放

雨水排放的水污染物质虽然很少，但是这部分污染不能通过调整社会经济活动减少，所以我们将降雨产生的 COD 单独列出（Hirose et al.，2000；Mizunoya et al.，2007；Yan，2010）。降雨的 COD 排放由土地面积 L 和降雨排放系数决定，计算公式如下：

$$RP\_cod(t) = ep^r \cdot L \qquad (4-44)$$

式中，

ep^r：降雨的 COD 排放系数（外生）；

L：土地面积（外生）。

4.3.5.6　污水处理设施污染物质去除量

通过引入先进的污水处理技术可增加该地区污染物质的去除量。COD 去除总量由现有污水处理设备的 COD 去除量与新增污水处理技术 A、B、C、D、E 的 COD 去除量决定。其中现有污染物质去除量由现有污水处理量与COD 去除系数决定，新增污染物质去除量分别由各技术的污水处理量乘以各技术污染物质去除率而得。

COD 去除量计算公式如下：

$$SP\_cod(t) = ESP\_cod(t) + NSP\_cod(t) \qquad (4-45)$$

$$ESP\_cod(t) = \sum_j ep^{ex} \cdot ESWT_j(t) \qquad (4-46)$$

$$NSP\_cod(t) = \sum_j [\alpha \cdot NSWT_j^A(t) + \beta \cdot NSWT_j^B(t) + \gamma \cdot NSWT_j^C(t)$$
$$+ \varepsilon \cdot NSWT_j^D(t) + \epsilon \cdot NSWT_j^E(t)] \qquad (4-47)$$

式中，

$ESP\_cod(t)$：第 t 期，现有污水处理设施的 COD 去除量（内生）；

$NSP\_cod(t)$：第 t 期，新增污水处理技术的 COD 去除量（内生）；

ep^{ex}：现有污水处理设施的 COD 去除率（外生）；

α：污水处理技术 A 的 COD 去除率（外生）；

β：污水处理技术 B 的 COD 去除率（外生）；

γ：污水处理技术 C 的 COD 去除率（外生）；

ε：污水处理技术 D 的 COD 去除率（外生）；

ϵ：污水处理技术 E 的 COD 去除率（外生）。

4.3.6　污泥处置处理模型

污泥产生量由每个市的污水处理量与污泥产生系数决定，计算公式如下：

$$SG(t) = \sum_j \Pi \times SWT_j(t) \qquad (4-48)$$

式中，

$SG(t)$：第 t 期，污泥产生量（内生）；

Π：j 区域的污泥产生系数矩阵（外生）；

$SWT_j(t)$：第 t 期，j 区域的污水处理量（内生）。

污泥处理量等于现有污泥处理能力与引入新污泥处理技术后新增的污泥处理量，并且污泥处理量不能超过污泥产生量，用公式表达如下：

$$ST(t) \leqslant SG(t) \qquad (4-49)$$

$$ST(t) = EST(t) + NST(t) \qquad (4-50)$$

$$NST(t) = \sum_j [NST_j^a(t) + NST_j^b(t) + NST_j^c(t) + NST_j^d(t)] \qquad (4-51)$$

式中，

$ST(t)$：第 t 期，污泥处理量（内生）；

$EST(t)$：第 t 期，现有污泥处理能力（内生）；

$NST(t)$：第 t 期，新增污泥处理量（内生）；

$NST_j^a(t)$：第 t 期，j 区域污泥处理技术 A 的污泥处理量（内生）；

$NST_j^b(t)$：第 t 期，j 区域污泥处理技术 B 的污泥处理量（内生）；

$NST_j^c(t)$：第 t 期，j 区域污泥处理技术 C 的污泥处理量（内生）；

$NST_j^d(t)$：第 t 期，j 区域污泥处理技术 D 的污泥处理量（内生）。

4.3.7　财政补贴综合政策模型

由于污水具有很强的公共物品特征，通过市场配置不能有效地控制污染物排放和再生资源循环利用，而会使试图单方面控制污染和资源循环利用的企业处于竞争劣势，这部分额外的支出会使得他们的生产成本比那些不负责任的竞争者高（汤姆·蒂坦伯格、琳恩·刘易斯，2011），因此需要通过政策手段来引导治理措施，提高环境治理效率，控制污染物排放和进行资源再生利用，从而进一步带动环境投资乘数的增长，促进环保产业的发展。因此，在模拟期内，本书研究假设所有的投资均来自政府财政。

4.3.7.1 产业补贴政策

利用哈罗德—多马模型描述产业补贴后的资本产出关系。产业规模受资本量、用于缩减产业的补贴额和各产业资本产出率影响（Higano Y et al.，1997；Zhang et al.，2013；Yan Jingjing et al.，2014）。下一期的资本量由当期资本量加上下一期投资，扣除当期社会折旧所得。

$$X^m(t) \leq \alpha^m \cdot [K^m(t) - S^m(t)] \tag{4-52}$$

$$K^m(t+1) = K^m(t) + I^m(t+1) - d^m \cdot K^m(t) \tag{4-53}$$

式中，

α^m：产业 m 的资本产出率；

$K^m(t)$：第 t 期，产业 m 的资本量（内生），当 $t=1$ 时，为初始值；

$S^m(t)$：第 t 期，用于缩减产业 m 的补贴额（内生）；

$I^m(t)$：第 t 期，产业 m 的投资额（内生）；

d^m：产业 m 的社会折旧率（外生）。

4.3.7.2 水资源循环利用补贴政策

在水资源循环利用方面，福建省拟引入 5 项污水处理技术，一方面减少水污染物质排放，另一方面增加再生水资源供给。根据每种污水处理技术的建设成本、维持成本、污水处理能力、再生水生产能力、水污染物质去除效率等技术参数，在财政补贴的约束范围内，通过计算机模型，内生出最优的污水处理技术及其在各市的分布。

各市不同污水处理技术的总投资额由其建设成本和建设数量决定，公式如下：

$$I_j^a(t) \leqslant P^a \cdot C_j^a(t) \tag{4-54}$$

$$I_j^b(t) \leqslant P^b \cdot C_j^b(t) \tag{4-55}$$

$$I_j^c(t) \leqslant P^c \cdot C_j^c(t) \tag{4-56}$$

$$I_j^d(t) \leqslant P^d \cdot C_j^d(t) \tag{4-57}$$

$$I_j^e(t) \leqslant P^e \cdot C_j^e(t) \tag{4-58}$$

式中，

$I_j^a(t)$：第 t 期，j 区域引入污水处理技术 A 的投资额（内生）；

$I_j^b(t)$：第 t 期，j 区域引入污水处理技术 B 的投资额（内生）；

$I_j^c(t)$：第 t 期，j 区域引入污水处理技术 C 的投资额（内生）；

$I_j^d(t)$：第 t 期，j 区域引入污水处理技术 D 的投资额（内生）；

$I_j^e(t)$：第 t 期，j 区域引入污水处理技术 E 的投资额（内生）；

P^a：污水处理技术 A 的建设费用（外生）；

P^b：污水处理技术 B 的建设费用（外生）；

P^c：污水处理技术 C 的建设费用（外生）；

P^d：污水处理技术 D 的建设费用（外生）；

P^e：污水处理技术 E 的建设费用（外生）；

$C_j^a(t)$：第 t 期，j 区域引入污水处理技术 A 的数量（内生）；

$C_j^b(t)$：第 t 期，j 区域引入污水处理技术 B 的数量（内生）；

$C_j^c(t)$：第 t 期，j 区域引入污水处理技术 C 的数量（内生）；

$C_j^d(t)$：第 t 期，j 区域引入污水处理技术 D 的数量（内生）；

$C_j^e(t)$：第 t 期，j 区域引入污水处理技术 E 的数量（内生）。

引入污水处理技术 A、B、C、D、E 后，每个区域新增的污水处理能力逐年增加，计算公式如下：

$$NSWT_j^A(t+1) = NSWT_j^A(t) + del\_NSWT_j^A(t+1) \qquad (4-59)$$

$$NSWT_j^B(t+1) = NSWT_j^B(t) + del\_NSWT_j^B(t+1) \qquad (4-60)$$

$$NSWT_j^C(t+1) = NSWT_j^C(t) + del\_NSWT_j^C(t+1) \qquad (4-61)$$

$$NSWT_j^D(t+1) = NSWT_j^D(t) + del\_NSWT_j^D(t+1) \qquad (4-62)$$

$$NSWT_j^E(t+1) = NSWT_j^E(t) + del\_NSWT_j^E(t+1) \qquad (4-63)$$

式中，

$del\_NSWT_j^A(t+1)$：第 $t+1$ 期，j 区域引入技术 A 后新增的污水处理量（内生）；

$del\_NSWT_j^B(t+1)$：第 $t+1$ 期，j 区域引入技术 B 后新增的污水处理量（内生）；

$del\_NSWT_j^C(t+1)$：第 $t+1$ 期，j 区域引入技术 C 后新增的污水处理量（内生）；

$del\_NSWT_j^D(t+1)$：第 $t+1$ 期，j 区域引入技术 D 后新增的污水处理量（内生）；

$del\_NSWT_j^E(t+1)$：第 $t+1$ 期，j 区域引入技术 E 后新增的污水处理量（内生）。

每个技术新增的污水处理量由该技术的污水处理能力和引入该技术的数量决定，计算公式如下：

$$del\_NSWT_j^A(t) = T^a \cdot C_j^a(t) \qquad (4-64)$$

$$del\_NSWT_j^B(t) = T^b \cdot C_j^b(t) \qquad (4-65)$$

$$del\_NSWT_j^C(t) = T^c \cdot C_j^c(t) \qquad (4-66)$$

$$del\_NSWT_j^D(t) = T^d \cdot C_j^d(t) \qquad (4-67)$$

$$del\_NSWT_j^E(t) = T^e \cdot C_j^e(t) \qquad (4-68)$$

式中，

　　T^a：污水处理技术 A 的污水处理量（外生）；

　　T^b：污水处理技术 B 的污水处理量（外生）；

　　T^c：污水处理技术 C 的污水处理量（外生）；

　　T^d：污水处理技术 D 的污水处理量（外生）；

　　T^e：污水处理技术 E 的污水处理量（外生）。

投入污水处理技术后，每年应有配套的运行成本。根据不同污水处理技术的运行成本和污水处理量计算运行成本，公式如下：

$$MC_j^A(t) = O^a \cdot NSWT_j^A(t) \tag{4-69}$$

$$MC_j^B(t) = O^b \cdot NSWT_j^B(t) \tag{4-70}$$

$$MC_j^C(t) = O^c \cdot NSWT_j^C(t) \tag{4-71}$$

$$MC_j^D(t) = O^d \cdot NSWT_j^D(t) \tag{4-72}$$

$$MC_j^E(t) = O^e \cdot NSWT_j^E(t) \tag{4-73}$$

式中，

　　$MC_j^A(t)$：第 t 期，j 区域引入技术 A 后的运行成本（内生）；

　　$MC_j^B(t)$：第 t 期，j 区域引入技术 B 后的运行成本（内生）；

　　$MC_j^C(t)$：第 t 期，j 区域引入技术 C 后的运行成本（内生）；

　　$MC_j^D(t)$：第 t 期，j 区域引入技术 D 后的运行成本（内生）；

　　$MC_j^E(t)$：第 t 期，j 区域引入技术 E 后的运行成本（内生）；

　　O^a：污水处理技术 A 的运行成本（外生）；

　　O^b：污水处理技术 B 的运行成本（外生）；

　　O^c：污水处理技术 C 的运行成本（外生）；

　　O^d：污水处理技术 D 的运行成本（外生）；

　　O^e：污水处理技术 E 的运行成本（外生）。

引入新污水处理技术的建设成本和维持成本共同构成水资源循环利用财

政补贴，计算公式如下：

$$\sum_j I_j^a(t) + \sum_j MC_j^a(t) = \sum_j S\_SP_j^a(t) \qquad (4-74)$$

$$\sum_j I_j^b(t) + \sum_j MC_j^b(t) = \sum_j S\_SP_j^b(t) \qquad (4-75)$$

$$\sum_j I_j^c(t) + \sum_j MC_j^c(t) = \sum_j S\_SP_j^c(t) \qquad (4-76)$$

$$\sum_j I_j^d(t) + \sum_j MC_j^d(t) = \sum_j S\_SP_j^d(t) \qquad (4-77)$$

$$\sum_j I_j^e(t) + \sum_j MC_j^e(t) = \sum_j S\_SP_j^e(t) \qquad (4-78)$$

$$S\_SP(t) = \sum_j S\_SP_j^a(t) + \sum_j S\_SP_j^b(t) + \sum_j S\_SP_j^c(t)$$
$$+ \sum_j S\_SP_j^d(t) + \sum_j S\_SP_j^e(t) \qquad (4-79)$$

式中，

$S\_SP_j^a(t)$：第 t 期，j 区域用于引入技术 A 的补贴额（内生）；

$S\_SP_j^b(t)$：第 t 期，j 区域用于引入技术 B 的补贴额（内生）；

$S\_SP_j^c(t)$：第 t 期，j 区域用于引入技术 C 的补贴额（内生）；

$S\_SP_j^d(t)$：第 t 期，j 区域用于引入技术 D 的补贴额（内生）；

$S\_SP_j^e(t)$：第 t 期，j 区域用于引入技术 E 的补贴额（内生）；

$S\_SP(t)$：第 t 期，用于水资源循环利用的总补贴额（内生）。

4.3.7.3　污泥处置处理补贴政策

在污泥处置处理方面，福建省拟引入 4 项污泥处理技术，一方面增加污泥的处理量，减少污泥的排放；另一方面利用污泥发电，产生新的能源供给量。根据每种污泥处理技术的投资额、运行成本、污泥处理能力、发电量及耗电量等技术参数，在财政补贴的约束范围内，通过计算机模型，内生出最优的污泥处置处理技术及其在各市的分布。

各市不同污泥处理技术的总投资额由污泥处理量和单位污泥处理的投资

额共同决定，公式如下：

$$Isc_j^a(t) = q^a \times NST_j^a(t) \tag{4-80}$$

$$Isc_j^b(t) = q^b \times NST_j^b(t) \tag{4-81}$$

$$Isc_j^c(t) = q^c \times NST_j^c(t) \tag{4-82}$$

$$Isc_j^d(t) = q^d \times NST_j^b(t) \tag{4-83}$$

式中，

$Isc_j^a(t)$：第 t 期，j 区域引入污泥处理技术 A 的投资额（内生）；

$Isc_j^b(t)$：第 t 期，j 区域引入污泥处理技术 B 的投资额（内生）；

$Isc_j^c(t)$：第 t 期，j 区域引入污泥处理技术 C 的投资额（内生）；

$Isc_j^d(t)$：第 t 期，j 区域引入污泥处理技术 D 的投资额（内生）；

q^a：污泥处理技术 A 的单位污泥处理投资额（外生）；

q^b：污泥处理技术 B 的单位污泥处理投资额（外生）；

q^c：污泥处理技术 C 的单位污泥处理投资额（外生）；

q^d：污泥处理技术 D 的单位污泥处理投资额（外生）。

各市不同污泥处理技术的运行成本由污泥处理量和单位污泥处理的运行
成本共同决定，公式如下：

$$Msc_j^a(t) = r^a \times NST_j^a(t) \tag{4-84}$$

$$Msc_j^b(t) = r^b \times NST_j^b(t) \tag{4-85}$$

$$Msc_j^c(t) = r^c \times NST_j^c(t) \tag{4-86}$$

$$Msc_j^d(t) = r^d \times NST_j^d(t) \tag{4-87}$$

式中，

$Msc_j^a(t)$：第 t 期，j 区域引入污泥处理技术 A 的运行成本（内生）；

$Msc_j^b(t)$：第 t 期，j 区域引入污泥处理技术 B 的运行成本（内生）；

$Msc_j^c(t)$：第 t 期，j 区域引入污泥处理技术 C 的运行成本（内生）；

$Msc_j^d(t)$：第 t 期，j 区域引入污泥处理技术 D 的运行成本（内生）；

r^a：污泥处理技术 A 的单位污泥处理运行成本（外生）；

r^b：污泥处理技术 B 的单位污泥处理运行成本（外生）；

r^c：污泥处理技术 C 的单位污泥处理运行成本（外生）；

r^d：污泥处理技术 D 的单位污泥处理运行成本（外生）。

各市不同污泥处理技术的数量由污泥处理量和该技术的污泥处理能力决定，公式如下：

$$Csc_j^a(t) \geqslant \frac{1}{w^a} \times NST_j^a(t) \tag{4-88}$$

$$Csc_j^b(t) \geqslant \frac{1}{w^b} \times NST_j^b(t) \tag{4-89}$$

$$Csc_j^c(t) \geqslant \frac{1}{w^c} \times NST_j^c(t) \tag{4-90}$$

$$Csc_j^d(t) \geqslant \frac{1}{w^d} \times NST_j^d(t) \tag{4-91}$$

式中，

$Csc_j^a(t)$：第 t 期，j 区域引入污泥处理技术 A 的数量（内生）；

$Csc_j^b(t)$：第 t 期，j 区域引入污泥处理技术 B 的数量（内生）；

$Csc_j^c(t)$：第 t 期，j 区域引入污泥处理技术 C 的数量（内生）；

$Csc_j^d(t)$：第 t 期，j 区域引入污泥处理技术 D 的数量（内生）；

w^a：污泥处理技术 A 的污泥处理能力（外生）；

w^b：污泥处理技术 B 的污泥处理能力（外生）；

w^c：污泥处理技术 C 的污泥处理能力（外生）；

w^d：污泥处理技术 D 的污泥处理能力（外生）。

引入新污泥处理技术的投资额和运行成本共同构成污泥处置处理技术的

财政补贴，计算公式如下：

$$\sum_j Ssc_j^a(t) = \sum_j Msc_j^a(t) + \sum_j Isc_j^a(t) \qquad (4-92)$$

$$\sum_j Ssc_j^b(t) = \sum_j Msc_j^b(t) + \sum_j Isc_j^b(t) \qquad (4-93)$$

$$\sum_j Ssc_j^c(t) = \sum_j Msc_j^c(t) + \sum_j Isc_j^c(t) \qquad (4-94)$$

$$\sum_j Ssc_j^d(t) = \sum_j Msc_j^d(t) + \sum_j Isc_j^d(t) \qquad (4-95)$$

$$Ssc(t) = \sum_j Ssc_j^a(t) + \sum_j Ssc_j^b(t) + \sum_j Ssc_j^c(t) + \sum_j Ssc_j^d(t)$$
$$(4-96)$$

式中，

$Ssc(t)$：第 t 期，用于污泥处置处理技术的总补贴额（内生）；

$Ssc_j^a(t)$：第 t 期，j 区域用于引入技术 A 的补贴额（内生）；

$Ssc_j^b(t)$：第 t 期，j 区域用于引入技术 B 的补贴额（内生）；

$Ssc_j^c(t)$：第 t 期，j 区域用于引入技术 C 的补贴额（内生）；

$Ssc_j^d(t)$：第 t 期，j 区域用于引入技术 D 的补贴额（内生）。

4.3.7.4 政府补贴预算

用于产业结构调整的补贴和用于水资源循环再生、污泥处置处理技术的补贴共同构成福建省当期的财政补贴总额。财政补贴总额不得超过财政补贴预算的最高值，以保证经济的可持续发展。财政补贴约束公式如下：

$$FB(t) \geqslant S\_SP(t) + Ssc(t) + S^m(t) \qquad (4-97)$$

式中，

$FB(t)$：第 t 期，财政补贴预算最高值（外生）。

至此，模型构建基本完成。上述公式描述了福建省以水资源平衡、能源平衡，辅以水资源循环利用、污泥可再生利用的可持续发展政策措施及其补贴额的区域分配和年度需求情况。

在数学模型的基础上，将数学公式编译成计算机语言，通过 LINGO 软件，求解水资源约束下、环境污染排放约束和能源消耗约束下的最优的污水污泥再生利用技术与政策组合方案。

4.4　小结

本章基于物质平衡理论、能源平衡理论、价值平衡理论和投入产出理论，运用动态最优化模型方法，设计了区域污水污泥再利用与可持续发展概念模型，构建了福建省污水污泥再利用与城市可持续发展综合政策动态最优化实证模型，该模型包括一个目标函数（GRP 最大化）和五个子模型，即社会经济发展模型、水资源平衡模型、能源平衡模型、水污染物质排放模型、污泥处置处理模型，同时引入包括产业结构优化、资源能源节约利用、增加污水污泥处理设施的综合政策措施，以实现在水资源消耗、能源消耗、环境污染物排放等多重约束下的地区经济可持续增长。

在模型中，五个模块相互影响、相互制约。社会经济发展模型描述各产业资本投入和社会产出之间的市场平衡关系，通过投入产出系数以及综合政策的影响因子，动态内生模拟出各目标年的地区生产总值；水资源平衡模型描述经济活动和居民生活的水资源消耗始终小于水资源供给，通过各产业及居民生活的水资源消耗系数内生出各目标年的水资源需求量；能源平衡模型描述社会经济活动中的能源消耗与约束，通过各产业及居民生活的能源消耗系数内生出各目标年的能源消耗量，并对规划年的能源消耗强度设置限值，从而约束社会经济活动；水污染物质排放模型描述社会经济活动产生的水污染物质排放情况，通过各产业及居民生活的水污染物质排放系数动态内生出各目标年的水污染物质排放，并对水污染物质排放设置减排限值，约束社会经济活动；污泥处置处理模型描述社会生产活动的污泥排放及处置处理情况，通过处理污水的污泥排放系数模拟出各目标年的污泥排放量。

政府财政补贴引入污水污泥处理综合政策，包括产业结构优化，资源、能源节约利用和污水污泥处理综合政策。即生产活动要在污水污泥等污染物排放、水资源消耗和能源消耗的多重约束下进行产业结构的优化调整；在污水污泥处理方面，根据各市的污水污泥处理需求及不同处理技术的成本，分配新技术，不仅可以提高污染物的去除能力，减少污染物排放，还可以实现再生水循环和污泥资源化利用，增加水资源供给和能源供给。

模型假设在模拟期内，福建省价值流、物质流在区域内进行；居民生活与产业生产的水资源消耗系数、污水污泥排放系数、能源消耗系数保持不变；产业间投入产出系数不变，各产业附加价值率不变；污水及污泥处理厂建设后直接投产。

动态实证模型涵盖 97 个公式和 8828 个变量，较真实地反映了福建省 9 市社会经济活动所产生的物质流、价值流和能量流。通过 LINGO 软件，将数学公式编译成计算机语言，求出各模块动态平衡的最优解。

第 5 章　福建省污水污泥处理综合政策动态模拟

在模型构建的基础上对其进行检验，并根据政策与技术组合，设置不同的政策情景进行模拟仿真。通过比较不同情景下的模拟实验结果，综合利用社会经济发展指标、污水污泥资源化利用效率指标、环境效率指标、投资效率指标等选择福建省污水污泥处理与可持续发展的最优情景。最后分析最优情景下，福建省污水污泥资源化利用潜力、经济发展趋势、环境改善趋势及可持续发展能力。

5.1　模型检验

动态最优化模型有效性检验方法包括：（1）模型的结构适应性测试——对模型进行量纲一致性检验、方程中极端条件测试、结构的合适边界测试；（2）模型的行为适应性测试——参数灵敏度测试、结构灵敏度测试；（3）模型有效性测试、参数取值的准确性测试；（4）模型结构与实际系统的一致性测试——模型与真实系统的拟合程度测试、异常行为测试、极端条件模拟。

通过对模型中的方程进行量纲检验，使方程两边量纲保持一致，经过实地调研考察，收集数据，对模型反复进行调试，并仔细核对数据之后，福建省污水污泥处理综合政策动态模型已基本通过结构适应性测试、模型结构与实际系统表面有效性测试。

对于模型与真实系统的拟合程度测试，由于动态最优化模型仅要求收集基期的平面数据，本书用福建省 2012～2015 年的现实数据与模型模拟所得到的数据进行一致性检验、有效性测试及灵敏度测试等检验。由于篇幅有限，在此仅列举地区生产总值 GRP 指标的拟合程度检验结果（见表 5－1），我们发现，模型模拟仿真结果与真实数据相对误差平均为 0.01，仿真结果的变化趋势与真实数据相一致，其他变量结果相似。因此，本书认为福建省污水污泥处理综合政策动态模型通过拟合程度检验，在很大程度上可以反映福建省社会经济发展、污水污泥处理、环境改善的发展现状，可以通过对政策变量进行调控来模拟和预测福建省资源、环境、经济未来的发展趋势。

表 5－1　　　　　　　　　模型检验 GRP 拟合程度测试

年份	GRP 实际值（亿元）	GRP 模拟值（亿元）	相对误差
2012	19701	19699	0.0001
2013	21759	21539	0.01
2014	24056	23535	0.02
2015	25980	25411	0.02

在模型的行为适应性测试过程中，通过变化模型系数、增加或减少技术引入和政策措施、加强或减弱约束强度等，确定了模型的调控变量，如水资源供给总量、污水再生利用强度、污泥资源化利用强度、能源利用强度、水污染物质减排强度、产业结构调整政策、污水污泥处理技术等，从而设计不同的情景，模拟各种不同情景方案的发展趋势。

5.2 情景设计

根据模型检验结果，从产业结构调整政策、污水污泥资源化利用技术引进及节能减排约束等方面，设置了基准情景、改善情景、综合情景和加强情景四个情景（见表5-2），以此分析福建省经济总量、污水污泥资源化利用效率、环境效率、投资效率和可持续发展能力，选出实现福建省污水污泥资源化利用和社会经济可持续发展的最优情景，作为政策提案的依据。

表5-2 福建省污水污泥资源化利用与可持续发展情景设定

情景	产业结构调整	污水污泥资源化利用		节能减排	
		引入新污水处理技术	引入新污泥处理技术	能源消费总量控制（万吨标准煤）	水污染减排控制
基准情景	有	无	无	16150	3%
改善情景	有	有	无	16150	3%
综合情景	有	有	有	16150	3%
加强情景	有	有	有	14500	3%

本书研究模型旨在加强对福建省污水污泥处理处置的重视，因此将是否引入新污水处理技术、是否引入新污泥处理技术提高污水污泥资源化利用程度，作为污水污泥资源化利用的控制指标；将产业结构调整作为产业是否优化升级的控制指标；同时，根据福建省社会经济环境发展各项规划，选择能源消费总量、水污染物质排放作为节能减排约束指标，确保福建省在不损害资源环境可持续利益前提下的经济发展最大化，从而使模拟结果更具前瞻性和可持续性。

情景一为基准情景，根据《福建省"十三五"能源发展专项规划》和

《福建省"十三五"环境保护规划》，到 2020 年，一次能源消费总量控制在 16150 万吨标准煤，水污染物质 COD 年均减排控制在国家下达指标内，设为 3%，不引入新的污水污泥处理处置技术和设施，保持现有的污水处理和污泥处置能力，仅通过产业结构调整来保证水资源供给、控制能源消耗和环境污染排放。

情景二为改善情景。在该情景下，一次能源消费总量仍然满足《福建省"十三五"能源发展专项规划》，控制在 16150 万吨标准煤，水污染物质 COD 排放仍然满足《福建省"十三五"环境保护规划》，年均减排量设为 3%。同时，引入新污水处理技术，一方面可提高再生水利用率，增加水资源供给；另一方面可减少水污染物质 COD 排放，增加水污染的环境容量。但对污泥处置没有引入新技术，仅通过相应的产业结构调整来控制污泥的排放。

情景三为综合情景。该情景保证一次能源消费总量控制在 16150 万吨标准煤、水污染物质 COD 实现年均减排 3% 的规划目标，同时引入新污水处理技术和污泥资源化利用技术，以及产业结构调整政策组合，以期在保持经济增长的同时解决污水污泥的治理和资源化利用，实现福建省的可持续发展。

情景四为加强情景。即在综合情景的基础上，加强节能减排约束，根据《福建省"十三五"能源发展专项规划》，将一次能源消费总量进行严格限定，控制在 14500 万吨标准煤。同时强化水污染物质减排力度，实现年均减排 3%，从而改变调整产业结构和引进新污水污泥处理处置技术的具体措施，模拟福建省在更严格的节能减排约束下的资源、环境、经济发展情况。

5.3　政策模拟与最优情景选择

根据上述四个情景进行政策模拟，分别得到福建省资源、环境、经济协调发展的可行解。观察各情景模式下福建省的社会经济发展情况、污水污泥资源化利用效率、环境效率、投资效率等指标，并进行情景分析，选择适合福建省污水污泥资源化利用和可持续发展的最优情景。

5.3.1　福建省社会经济发展情景分析

在本书研究中，目标函数为多重约束下的地区生产总值最大化，因此，对福建省社会经济发展的情景分析主要考量目标期内地区生产总值 GRP 累积总额，以及目标期内福建省地区生产总值 GRP 的变动趋势。

5.3.1.1　GRP 总额情景分析

由于四个情景中的技术与政策组合不同，对产业产生的节能减排约束强度不同，因此 2012～2025 年福建省全省地区生产总值 GRP 的累积总额差距较大，具体如图 5-1 所示。

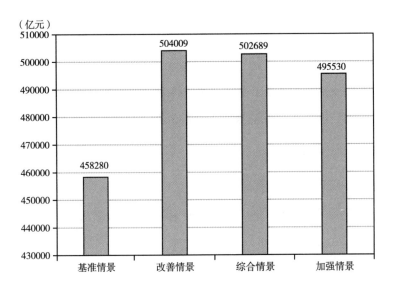

图 5-1　福建省 2012～2025 年 GRP 总额情景分析

在基准情景中，模型没有引入新的污水污泥处理处置技术和设施，保持现有的污水处理和污泥处置能力，因此，为了实现节能减排约束，模型内生模拟通过产业结构调整来保证水资源供需平衡，控制能源消耗和环境污染排放，是在现状基础上的一种极端假设。在该情景中，目标期内的地区生产总值 GRP 累积总额为 458280 亿元，远低于其他三个情景模式。说明不考虑环境污染治理的经济增长是以产业内耗的恶性循环模型来实现的，经济发展空间严格受限，产业发展效率低下，动力不足。

在改善情景中，模型引入了四种先进的污水处理技术，即膜生物处理技术、双膜生物处理技术、陶瓷膜生物处理技术、萃取膜生物处理技术，模型可以根据福建省各地市污水处理需求内生选择适合的技术。引入新污水处理技术后，一方面增加了再生水的循环利用，另一方面减少了水污染物质的排放，在目标期内地区生产总值 GRP 累积总额达到 504009 亿元，是四个情景模式中最高的。说明福建省引入先进的污水处理技术后，为产业发展释放了更多的环境容量，同时能够促进福建省经济的高效发展。

在综合情景中，同时引入了污水处理和污泥资源化利用技术，在控制水环境污染的同时，对污泥进行相应的治理。从图 5-1 可以看出，综合情景下目标期内地区生产总值 GRP 的累积总额为 502689 亿元，比改善情景少 1320 亿元。这个模拟结果说明，加强对污泥资源化利用的投入给经济增长造成了一定的损失，但经济总量仍保持在较高水平。因此，福建省应当积极重视对污泥的治理，在保持经济增长的同时兼顾环境质量，通过模型模拟证明这是可行的。

在加强情景中，对污染物质排放和能源消耗强度的约束加强，以更加严格的节能减排目标来约束经济发展和污水污泥资源化利用。由于节能减排约束强度增加，因此在一定程度上制约了高耗能、高污染排放的产业，在目标期内地区生产总值 GRP 的累积总额为 495530 亿元，比综合情景低 1.4%，但仍比基准情景增加了 7.8%。这个模拟结果说明，在目标期内，要更好地保护环境，必然牺牲一部分的经济增长，但始终优于对环境保护不作为的模式。

因此，环境保护是实现经济可持续发展的必然要求。

5.3.1.2 GRP 变动趋势情景分析

从 GRP 变动趋势来看，污水处理技术的引入、污泥资源化利用技术、产业结构调整政策和节能减排约束强度的变化对地区生产总值 GRP 的增长率有一定程度的影响。四个情景的 GRP 增长率模拟结果具体如图 5-2 所示。

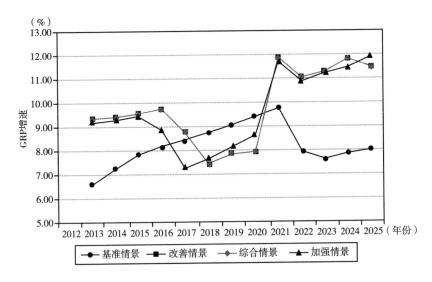

图 5-2　福建省 2012～2025 年 GRP 增速情景分析

在基准情景中，从图 5-2 可以看出，GRP 增长率从 2013 年的 6.6% 一直保持稳步上升，到 2021 年达到最高点为 9.8%，随后 GRP 增长率显著下降，并保持在 7.8% 左右，目标期内 GRP 年均增长 8.2%，是四个情景中最低的。模拟结果说明，在模拟初期，产业发展的环境容量仍有余地，因此在不改变产业结构的基础上保持经济增长，但到 2021 年，能源消耗和环境容量饱和，只能通过削减高能耗、高污染的产业规模来实现一次能源消费总量和水污染物质排放减排控制目标，产业发展受环境容量的约束显现，并开始制约经济增长。

在改善情景和综合情景中，由于污泥资源化利用技术的引入并没有对经

济增长造成明显损失，因此两个情景模式的 GRP 增速基本一致。从图 5 - 2
可以看出，在 2016 年之前，产业发展尚未受到节能减排约束的影响，经济以
9.5% 左右的速度增长，随后由于受到环境容量的制约，开始引入污水污泥
处理处置技术治理环境，经济增长有所放缓，在 2018 年 GRP 增速到达低
点，为 7.4% ；自 2021 年以后，由于对环境治理的投入开始为产业发展释
放环境容量，经济增长动力强劲，以 11.5% 左右的增速保持增长，在模拟
期后期呈现下降趋势，整个目标期内 GRP 年均增速为 9.4% ，比基准情景
高出 1.2 个百分点。这个模拟结果说明，考虑了环境损失的经济增长是高
效的。

在加强情景中，由于能源消耗和污染物排放约束更加严格，因此在模拟
初期，GRP 增长率较早减速，提前在 2017 年达到低点，为 7.4% 。随后由于
引入的污水污泥处理处置技术为产业发展释放了环境容量，经济增长势头强
劲，在模拟期末期，GRP 增速呈现不断上升趋势，到 2025 年 GRP 增速高于
基准情景 4 个百分点，达到 11.9% 。从这个模拟结果可以看出，在更严格的
节能减排约束下，短期内经济增长要对环境损失进行一定程度的补偿，但从
长期来看，将有利于经济的可持续高效发展。因此，福建省在工业化高速发
展的同时兼顾环境治理，才是实现环境质量改善和经济可持续高效发展的正
确选择。

5.3.2　福建省污水污泥资源化利用效率情景分析

通过对水资源利用强度、污泥资源化利用进行情景对比，判断各情景下
福建省污水污泥资源化利用效率。

5.3.2.1　水资源利用强度情景分析

通过引入污水处理技术和产业结构调整，对水资源循环利用的效果体现

在水资源供给和水资源利用强度上。为了保证社会经济的用水需求，研究前提是水资源供给量始终大于等于水资源需求量，因此用水资源需求量来代表福建省的用水情况；另外，采用水资源利用强度，即每单位 GRP 所消耗的水资源量，来衡量水资源利用效率。水资源利用强度的计算公式如下：水资源利用强度 = 水资源需求量/地区生产总值 GRP，单位为万立方米/亿元。

四个情景的用水总量和水资源利用强度对比如图 5 - 3 所示。

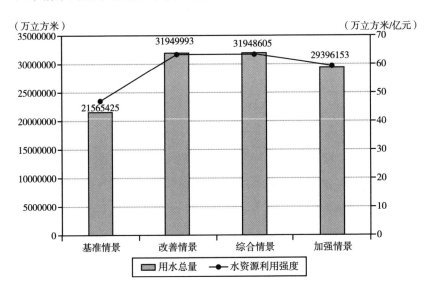

图 5 - 3　福建省 2012 ~ 2025 年用水总量与水资源利用强度情景分析

在基准情景中，福建省 2012 ~ 2025 年累积用水总量为 21565425 万立方米，每亿元 GRP 消耗水资源量 47.057 万立方米。因为在模拟期内，该情景没有引入新的污水处理技术，水资源供给量没有显著提高，仅通过削减高耗水、高污染排放的产业产能来保证水资源的供需平衡，因此极端地限制了福建省的用水总量，为四个情景中最少的，水资源利用强度低于其他三个情景。

在改善情景中，由于新增污水处理设施及产业结构调整的双重作用，水资源循环利用率有所提高，再生水的生产增加了水资源供应量，因此，在目标期内，福建省用水总量较基准情景有显著提高，为 31949993 万立方米。同时，由于污水处理技术的引入也抵消掉一部分经济增长，因此水资源利用强度是最大的，每亿元 GRP 消耗水资源量达到 63.39 万立方米。这个模拟结果说明，环境治理的投入在一定程度上为产业扩张释放了环境容量，但在资源配置方面不一定是最高效的。

在综合情景中，同时引入了新的污水处理和污泥资源化利用技术，对污泥资源化利用技术的投资抵消了一部分原本用于污水处理的投入，因此再生水生产量较改善情景有少量减少，在目标期内用水总量为 31948605 万立方米，水资源利用强度略高于改善情景，为 63.55 万立方米/亿元。说明兼顾污水污泥处理处置增加了环境治理的经济损失，同时又减少了水资源供给，提高了水资源的利用强度。因此，在进行综合政策考量时要平衡多种环境治理的效果。

在加强情景中，在引入污水处理和污泥资源化利用技术的同时，对能源消耗总量和水污染物质排放进行了更为严格的约束，产业结构调整倾向于缩减能源消耗强度大、污染物排放强度大的产业产能。在目标期内，福建省累积用水总量为 29396153 万立方米，水资源利用强度低于综合情景，每亿元 GRP 消耗水资源量为 59.32 万立方米。说明福建省高能耗、高污染的产业同时也是高耗水产业，通过对这些产业的限制，用水总量有所减少，水资源利用效率得到提高。

5.3.2.2　污泥资源化利用情景分析

用污泥处理量的变化情况来分析各个情景的污泥资源化利用情况。如图 5-4 所示，在基准情景和改善情景中没有引入新的污泥资源化利用技术，沿用福建省传统的土地利用、填埋处置、建筑用料及焚烧等手段，对产生的污泥进行处置。在目标期内，基准情景污泥处理能力从 55.28 万吨缓慢上升到 63.99 万吨；改善情景污泥处理能力从 55.43 万吨上升到 74.43 万吨，在目标期末没有达到《"十三五"全国城镇污水处理及再生利用设施建设规划》的要求。

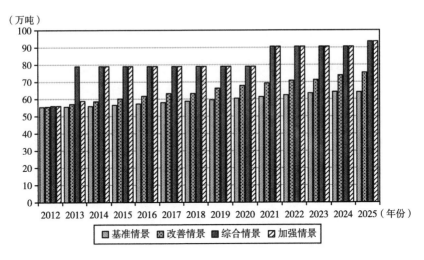

图 5 - 4　福建省 2012 ~ 2025 年污泥资源化利用情景分析

在综合情景和加强情景中，为了实现《"十三五"全国城镇污水处理及再生利用设施建设规划》的要求，并贯彻资源再生循环高效利用的政策方针，引入污泥发电技术，对所产生的污泥进行资源化利用。从图 5 - 4 可以看出，在目标期内，综合情景的污泥处理量显著增加，从 2013 年引入污泥发电技术后，污泥处理能力迅速上升，并保持在 79.02 万吨，到 2021 年以后又新增污泥处理能力，保持在 90.59 万吨，到目标期末达到 93.48 万吨。加强情景的污泥处理能力基本与综合情景持平，说明节能减排约束的加强并没有对污泥处理的投资和技术引进造成影响。

5.3.3　福建省污水污泥资源化利用的环境效率情景分析

为了实现福建省污水污泥资源化利用及可持续发展，为四种情景模式均设计了水污染物质排放约束和能源消耗总量约束，以保证情景模式在模拟期内均能实现福建省的节能减排目标。因此，要通过污染物质排放强度和能源利用强度来分析福建省污水污泥资源化利用政策的环境效率。

5.3.3.1　污染物质排放情景分析

由于数据收集有限，本模型仅选择水污染物质 COD 作为污染物排放的控制指标。污染物质排放强度计算公式为：COD 排放强度 = COD 排放总量/GRP 总量，单位为吨/亿元。四个情景的污染物质排放情况如图 5 - 5 所示。

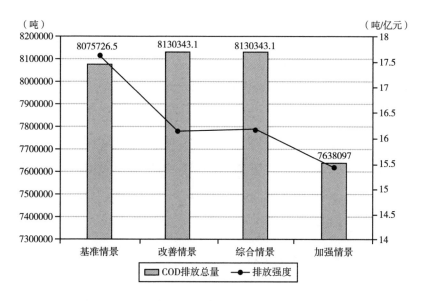

图 5 - 5　福建省 2012 ~ 2025 年污染物排放情景分析

在基准情景中，目标期内水污染物质 COD 累积排放总量为 8075726.5 吨，COD 排放强度为 17.62 吨/亿元 GRP，是四个情景中污染物排放强度最高的。原因在于，该情景没有引入新的污水处理技术，一方面，无法通过增加水污染物质 COD 的去除量来减少污染物排放；另一方面，仅依靠削减高耗能、高污染的产业产能来释放环境容量的经济增长相对低效，因此该情景模式下的发展面临较严重的污染物排放负荷。

在改善情景下，由于引入了新的污水处理技术，为福建省产业增长释放了环境容量，虽然水污染物质 COD 的去除能力有所提高，但同时产业扩张也会产生新的污染物质排放。在目标期内，水污染物质 COD 累积排放量为

8130343.1 吨，比基准情景高 0.6%，但 COD 排放强度却比基准情景低 8.4%，为 16.13 吨/亿元 GRP，说明新污水处理技术的投入有效缓解了福建省污染物排放负荷。

在综合情景中，虽然同时引入了污水处理技术和污泥资源化利用技术，但污泥处理技术的引入对水污染物质排放的控制没有造成影响，目标期内，水污染物质 COD 排放累积总量与改善情景一致，为 8130343.1 吨，但由于综合情景增加了对污泥治理的投入，在一定程度上减少了经济产出，因此水污染物质排放强度比改善情景略高，为 16.17 吨/亿元 GRP。说明兼顾污水污泥处理处置的环境治理要兼顾多种治理措施的实施效果。

在加强情景中，由于对水污染物质 COD 年均减排约束进行了强化，有效地控制了水污染物质 COD 的排放量，在目标期内，COD 累积排放总量为 7638097 吨，水污染物质 COD 排放强度为 15.41 吨/亿元 GRP，是四个情景中污染物排放最少，排放强度最低的。这个模拟结果说明，加强污染物减排约束，将水污染物质减排控制在年均 3% 具有环境效率。

5.3.3.2　能源消耗情景分析

采用能源累积消耗量和能源消耗强度对能源利用情况进行情景分析。能源消耗强度即单位 GRP 所消耗的能源量，其计算公式为：能源消耗强度 = 能源消耗总量/GRP 总量，单位为万吨标准煤/亿元。

四个情景的能源消耗情况如图 5-6 所示。

在基准情景中，由于产业发展受节能减排目标的约束，削减高耗能产业产能，因此该情景下能源消耗量最少，目标期内能源消耗总量为 151293.72 万吨标准煤，每亿元 GRP 消耗能源 0.331 万吨标准煤，是四个情景中最低的。说明通过缩减高污染、高耗能的产业结构调整有利于能源使用效率的提高。

在改善情景中，通过产业结构调整和新污水处理技术的引入，虽然在一定程度上为产业增长释放了环境容量，但同时调整后的产业结构对能源依赖

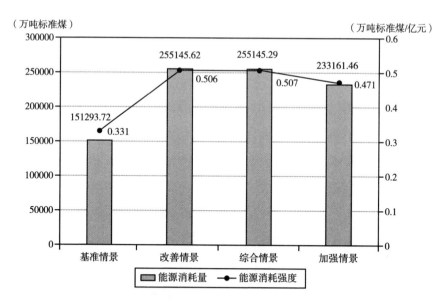

图 5－6　福建省 2012～2025 年能源消耗情景分析

度较高，因此，在目标期内，福建省累积消耗 255145.62 万吨标准煤，能源消耗强度为 0.506 万吨标准煤/亿元，说明新污水处理技术的引入和产业结构调整尚不能有效提高能源利用效率。

在综合情景中，新增了污泥发电处理技术，通过对污泥的处理，一方面增加了能源生产，但另一方面也要消耗一部分能源。为了实现福建省能源供给与能源消费的平衡，能源消耗量与改善情景相比没有较大的变动，受制于能源供给的约束，目标期内累积能源消耗总量基本保持在高位，为 255145.29 万吨标准煤，能源消耗强度略高于改善情景，为 0.507 万吨标准煤/亿元。说明新增的污泥发电技术在增加发电量的同时消耗更多的能源，因此，从短期来看，污泥发电技术尚不能有效节约能源。

在加强情景中，由于将能源消耗量进行了更严格的限定，因此目标期内能源累积消耗 233161.46 万吨标准煤，比综合情景少 9.4%，同时能源消耗强度也相应降低，为 0.471 万吨标准煤/亿元，说明加强节能减排约束会在一定程度上提高能源利用效率。

5.3.4　福建省污水污泥资源化利用的投资效率情景分析

在福建省污水污泥处理综合政策与可持续发展模型中，引入了污水污泥处理技术和产业结构调整政策组合，需要财政资金提供投资。为了评价政府财政补贴对于福建省当地经济的推动作用，本书研究引入了投资效率指标来进行分析，该指标是基于投资乘数效应指标进行的改变。

投资乘数效应是一种宏观的经济效应，是指经济活动中某一变量的增减所引起的经济总量变化的连锁反应程度。投资乘数效应是指一笔初始的投资会产生一系列连锁反应，从而会使社会的经济总量发生成倍的增加。意即投资或政府公共支出变动引起的社会总需求变动对国民收入增加或减少的影响程度。一个部门或企业的投资支出会转化为其他部门的收入，这个部门把得到的收入在扣除储蓄后用于消费或投资，又会转化为另外一个部门的收入。如此循环下去，就会导致国民收入以投资或支出的倍数递增。以上道理同样适用于投资的减少。投资的减少将导致国民收入以投资的倍数递减（Keynes，1948）。

在本书研究中，对政府财政补贴的投资效率计算公式如下：投资效率 = $\Delta GRP/\Delta S$，其中，ΔGRP 为不同情景中，地区生产总值 GRP 的增加值；ΔS 为不同情景中，用于补贴的财政支出增加值。本小节仅考虑污水污泥处理技术引入的政府财政补贴，因此补贴的投资效率只反映本书研究中污水污泥处理技术投资所带来的经济效益。

四个情景中财政补贴的投资效率如图 5 - 7 所示。

在基准情景中，不引入新的污水污泥处理技术，不产生相关的产业补贴费用，因此不考虑基准情景的投资效率。

在改善情景中，需要政府对引入的污水处理技术进行补贴，因此目标期内补贴总额为91.84 亿元，每 1 亿元投资带动经济增长 508.56 亿元，说明只

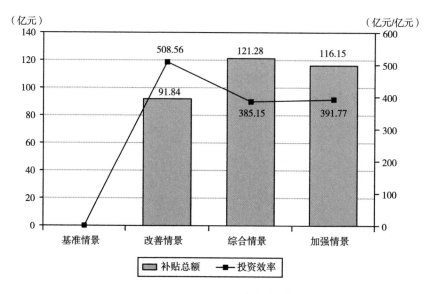

图 5 - 7　福建省 2012 ~ 2025 年补贴总额情景分析

引入污水处理技术和产业结构调整的政策方案具有较高的投资效率。

在综合情景中，要同时引入污水污泥处理技术，因此相应的政府补贴额度也增加了，目标期内补贴总额为 121.28 亿元，每 1 亿元投资带动经济增长 385.15 亿元，说明当兼顾多种环境治理时，将会在一定程度上降低投资效率。

在加强情景中，由于对能源利用总量进行了更严格的限定，加之新增的污泥发电技术会消耗更多的能源生产，因此对污泥处理的补贴在短期得到控制，目标期内补贴总额有所减少，为 116.15 亿元，但投资效率略高于综合情景，即每 1 亿元投资带动经济增长 391.77 亿元。说明在模拟期内，新增污泥处理技术的投资效率有待提高。

5.3.5　福建省污水污泥资源化利用及可持续发展最优情景选择

经过上述情景分析，综合对比各个情景在污水污泥资源化利用目标和节能减排目标基础上的社会经济发展水平、水资源利用效率、环境改善程度以及政府财政补贴效率，选出福建省实现可持续发展的最优情景，作为下一步提出政策建议的依据。

四个情景模式的经济发展目标、污水污泥资源化利用目标、节能减排目标的实现情况见表 5－3。根据《福建省"十三五"发展规划》《福建省"十三五"环境保护规划》《"十三五"全国城镇污水处理及再生利用设施建设规划》和《福建省"十三五"能源发展专项规划》制定的规划目标，结合政策模拟结果，可以发现，基准情景在经济增长速度、再生水生产、污泥处理方面均无法实现规划目标，改善情景无法实现污泥处理的目标，综合情景和加强情景能够实现所有的政府规划目标。

表 5－3　　　　　　　福建省污水污泥处理及节能减排目标实现情况

情景	经济增长	污水污泥资源化利用		节能减排	
	年均 8.5%	再生水生产 24090 万立方米	污泥处理量 79.1 万吨/年	能源消耗量 14500～16150 万吨标准煤	COD 年均减排 3%
基准情景	未实现	未实现	未实现	实现	实现
改善情景	实现	实现	未实现	实现	实现
综合情景	实现	实现	实现	实现	实现
加强情景	实现	实现	实现	实现	实现

进一步详细对比综合情景和加强情景下的社会经济发展、污水污泥资源化利用效率、环境改善效率和投资效率，可以发现，综合情景除了在经济增长方面优于加强情景，在污水污泥资源化利用效率、环境改善效率及投资效率方面并没有显现优势。加强情景虽然对节能减排控制更加严格，但在该模式下，仍然以年均 8.6% 的速度保持经济增长。因此，本书研究选取加强情景作为福建省可持续发展的最优情景，以加强情景的模拟趋势来指导福建省未来的发展方向。

5.4　福建省污水污泥处理综合政策
最优情景发展趋势分析

5.4.1　福建省社会经济发展趋势

在本书研究中，新的污水污泥处理技术引入和产业结构调整政策是在经济增长最大化的前提下实现的。本小节分别从目标期内的经济总量、各产业产值变动和各市经济发展情况对福建省污水污泥处理综合政策实施的社会经济发展趋势进行分析。

5.4.1.1　福建省经济总量变动趋势

从福建省的地区生产总值 GRP 的变动趋势来看，在引入了新的污水污泥处理技术和产业结构调整政策组合后，福建省的经济发展是有效率的，具体变化趋势如图 5 - 8 所示。

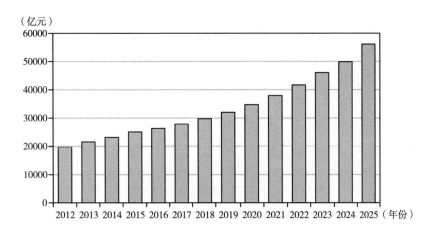

图 5 - 8　福建省 2012 ~ 2025 年经济总量变动趋势

福建省的地区生产总值 GRP 在目标期内不断上升，由 2012 年的 19699 亿元，上升到 2025 年的 56142 亿元。在目标期内，由于节能减排约束对高耗水、高耗能、高污染的产业产能进行了缩减，同时增加了新污水污泥处理技术的财政补贴，GRP 增长率在目标期前期有所下降，到 2016 年 GRP 增长率仅为 6%，但随后又稳步提高，在目标期后期经济增长速度达到 10% 以上，整个目标期的年均 GRP 增长率达到 8.6%，超额实现了福建省"十三五"规划设定的年均增长 8.5% 以及"十四五"规划的年均增长 6.7% 的目标。说明用于污水污泥处理和产业结构调整的财政补贴存在滞后性，在投入后 3～4 年，才逐渐显现对经济增长的拉动作用。从长期来看，为了为福建省的经济发展创造更宽松的环境容量，可进一步对大气污染减排、能源节约等环节进行技术补贴，从而更有效地拉动经济增长，实现可持续发展。

5.4.1.2　福建省各产业产值变动趋势

由于受到了用水总量、能源消费总量和污染物排放总量的多重约束，福建省各产业产值和产业结构相应地发生了变化。高耗水、高污染、高能耗的产业有所缩减，但地区总产值仍在不断上升，说明产业结构的调整效率较高，能够在保证环境质量的同时，不损害地区的经济发展水平。

如图 5-9 所示，第一产业产值在目标期初期有所下降，到 2016 年后缓慢回升，产值在 2700 亿～4000 亿元上下波动，占总产值比重从 2012 年的 5.46% 下调到 2025 年的 2.3%。原因在于，福建省第一产业用水量大，但污水收集和回收利用程度很低，随着福建省人口增长、城镇化水平不断提高和社会经济发展，在用水总量的约束下，第一产业不进行扩张，对地区生产总值的贡献较低。

第二产业产值不断上升，在目标期内，产值由 2012 年的 38491 亿元上升到 2025 年的 116714 亿元，但占总产值的比重基本保持在 69%。从第二产业内部结构来看，由于受到用水总量、能源消耗总量和污染物减排的约束，福建省第二产业内部结构有明显调整。由于采矿业的发展将会造成水土流失、

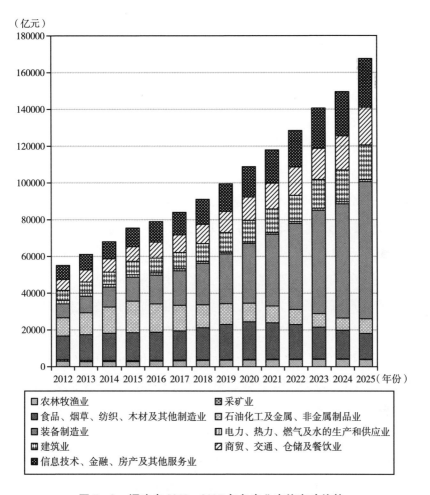

（亿元）

图5-9 福建省2012～2025年各产业产值变动趋势

生物多样性破坏及地下水污染等环境影响，因此其产业产能有所缩减，目标期内产值由 2012 年的 759.58 亿元下降到 2025 年的 235.98 亿元，比重由 1.38% 下降到 0.14%；食品、烟草、纺织、木材及其他制造业需水量大，水污染物质排放量较大，在目标期初期，产值稳步上升，从 2012 年的 12878 亿元上升到 2020 年的 20404 亿元，随后受到用水总量和节能减排的约束，产值呈现下降趋势，到 2025 年为 13969 亿元，占比由 2012 年的 23.37% 下降到 2025 年的 8.34%；石油化工及金属、非金属制品业由于污水排放量大、水污染较严重，在目标期内产值出现短暂上升后持续缩减，由 2012 年的 9912 亿元上升到 2015 年的高点 17129 亿元，随后下降到 2025 年的 7963 亿元，占比由 2012 年的 17.99% 调整到 2025 年的 4.75%；装备制造业作为福建省的主导产业，节能减排约束对其没有造成限值，目标期内产值呈现快速增长趋势，由 2012 年的 7571 亿元迅速扩张到 2025 年的 74561 亿元，占比由 2012 年的 13.74% 调整到 2025 年的 44.5%；电力、热力、燃气及水的生产和供应业对能源、水资源的需求量较大，在目标期内产值有所波动，由 2012 年的 1900 亿元缩减到 2020 年的 818 亿元，随后由于新技术的引入缓解了环境排放，产业产值又缓慢上升到 2025 年的 1105 亿元，但占比已从 3.45% 调整到 0.66%；建筑业作为污染少、附加价值率高的产业，产值由 2012 年的 5468 亿元增加到 2025 年的 18878 亿元，所占比重由 9.92% 调整为 11.27%。

第三产业产值增长较为显著，商贸、交通、仓储及餐饮业和信息技术、金融、房产及其他服务业产值分别从 2012 年的 5944 亿元、7664 亿元，上升到 2025 年的 20520 亿元、26458 亿元，占总产值的比重分别由 10.79%、13.91% 上升到 12.25%、15.79%。第三产业将向现代服务业发展，它污染少、能耗低、附加价值高，将成为福建省重点发展的支柱产业。

根据模拟的福建省各产业产值数据和各产业的附加价值率（见附录），计算出模拟期内各产业增加值的变化情况。如图 5-10 所示，三次产业增加值占比由 2012 年的 9:51.7:39.3，调整为 2025 年的 3.8:50.7:45.4。由于模型对产业规模的扩张采取了水资源量、水污染物质排放的约束，因此使得耗水量大、水污染物排放较多的第一产业规模大幅缩减，增加值占比在 2025 年仅为 3.87%；第二产业、第三产业增加值占比基本实现了福建省"十三五"规划中的产业结构目标。由于模型是基于 2012 年福建省各产业的投入产出关系进行的模拟预测，因此对于近年来兴起的战略性新兴产业、高新技术产业、现代服务业、数字经济产业等第二、第三产业的发展趋势体现不明显，使得模拟结果倾向于持续扩大污染少、能耗低、附加价值高的装备制造业，第三产业的产值到 2025 年仅为 45.4%，与近期出台的"十四五"规划

中关于服务业增加值比重达到 50% 的目标存在一定差距。这也说明了福建省
正处于工业化高速发展阶段向工业化后期转型的阶段，在顺应工业化扩张的
趋势下应适当地采取政府的环境规制政策以及产业转型政策，促使产业结构
向合理化、高度化、生态化方向发展，实现转型阶段的主导产业的转换和
发展。

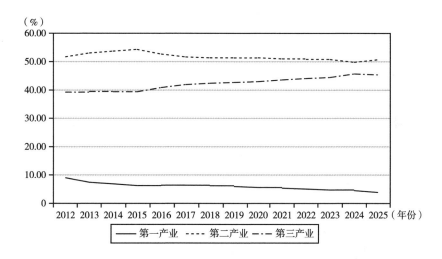

图 5 − 10　福建省 2012 ~ 2025 年各产业增加值变动趋势

5.4.1.3　福建省各市经济发展趋势

由于福建省各市地理位置、经济发展程度、产业结构及环境治理水平不
同，因此，在目标期内，各市的经济发展趋势各不相同。各市目标期内经济
发展趋势如图 5 − 11 所示，产值增长变化情况如图 5 − 12 所示。

从各市的经济总量变动趋势来看，福州市、厦门市和泉州市处于福建省
的第一梯队，福州市作为福建省的省会，渔业产值位居全省首位，工业现代
化进程稳步推进，主导产业进一步壮大，形成纺织化纤、轻工食品、机械制
造、冶金建材、电子信息等传统产业集群，金融业、物流、航空、文化等创
意产业发展条件良好，因此，目标期内经济稳步上升，从 2012 年的 12043 亿
元上升到 2025 年的 36884 亿元，年均增速为 9.1%，在目标期末经济总量位

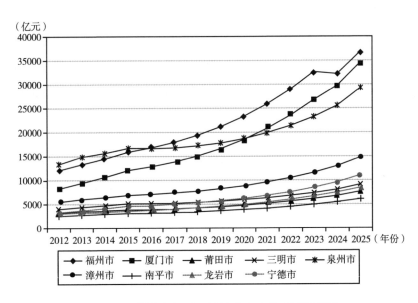

图 5 – 11　福建省 2012 ~ 2025 年各市产值变动趋势

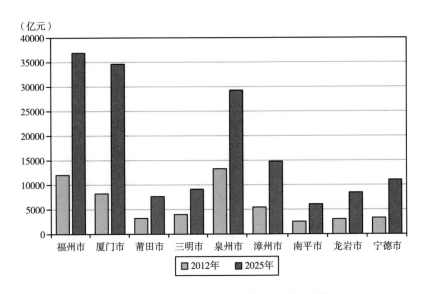

图 5 – 12　福建省 2012 ~ 2025 年各市产值变动情况

居福建省首位；厦门市作为经济特区，第三产业比重居全省首位，高新技术产业比重高，科技创新能力不断提升，在目标期内经济总量从 2012 年的

8226 亿元持续上升到 2025 年的 34617 亿元，年均增速达到 11.7%，是福建省经济增长速度最快的城市；泉州市经济总量一直在福建省名列前茅，在目标期内，加快发展现代农业和以物流、金融、电子商务等为代表的现代服务业，积极打造一批石化工业、装备制造业重大项目，但在目标期后期由于加大了对环境治理的投入，经济增长速度有所回落，经济总量由 2012 年的13308 亿元上升到 2025 年的 29285 亿元，年均增速为 6.9%。

漳州市为福建省经济发展的第二梯队，加快发展现代农业示范区，以食品工业、装备制造、新型材料为主导的第二产业和战略性新兴产业稳步发展，在目标期内全市产业产值由 2012 年的 5466 亿元稳步上升到 2025 年的 14798亿元，经济年均增速达到 8%。

莆田市、三明市、南平市、龙岩市和宁德市作为福建省经济发展的第三梯队，在目标期内产业产值也实现了稳步增长，分别由 2012 年的 3209 亿元、3988 亿元、2531 亿元、3040 亿元、3292 亿元逐步增长到 2025 年的 7643 亿元、9115 亿元、6066 亿元、8443 亿元、11062 亿元，年均增速分别为 6.9%、6.6%、7.0%、8.2% 和 9.8%。值得关注的是，经济发展相对落后的南平市、龙岩市和宁德市在引入污水污泥处理技术、加强节能减排约束和产业结构调整后，经济增长有了显著提高，说明综合政策的实施具有明显的经济效率。

5.4.2　福建省污水污泥处理和资源化利用潜力

通过引入新的污水污泥处理技术和产业结构调整政策后，福建省的污水处理能力、再生水的循环利用能力、污泥资源化利用程度均有所提高，能够有效地提高污水污泥的循环利用水平。

5.4.2.1　污水处理潜力

引入了新的污水处理技术并新建污水处理厂后，福建省污水处理能力逐

渐增加。如图 5 - 13 所示，在现有污水处理厂污水处理量的基础上，从
2013 年开始，新增污水处理量 2957 万立方米，到 2025 年，新增污水处理
量达到 37683 万立方米，福建省总的污水处理能力达到 153021 万立方米。
全省城镇及农村污水处理率由 2012 年的 45.06% 显著提高到 2025 年的
64.13%。不仅提高了水资源的循环利用水平，还能够对水环境的改善起到
促进作用。

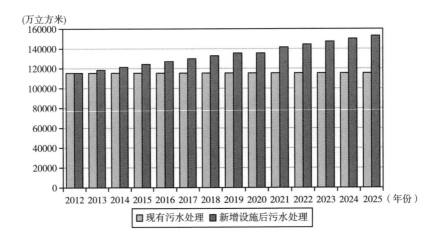

图 5 - 13　福建省 2012 ~ 2025 年污水处理潜力

5.4.2.2　再生水回用潜力

在污水处理潜力的基础上，对污水进行深度处理，生产再生水。从
图 5 - 14 中可以看出，随着福建省污水处理量的不断增加，新增污水处理厂
的再生水生产量也不断上升，再生水生产量由 2012 年的 6123 万立方米，逐
年增加到 2025 年的 35223 万立方米。再生水回用率有明显改善，由 2012 年
的 5.3%，上升到 2025 年的 23.2%。虽然福建省水资源供给较充足，但在用
水总量受到约束时，再生水的回用也为福建省社会经济发展提供了一部分水
资源，提高了水资源的利用效率。

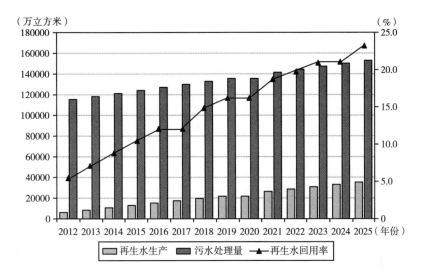

图 5 - 14　福建省 2012 ~ 2025 年再生水回用潜力

5.4.2.3　各市污水处理潜力

福建省各市在污水治理方面差距很大，本书研究通过引入新的污水处理技术和新建污水处理厂，使各市污水处理能力有了很大的改善，各市污水处理能力变化情况如图 5 - 15 所示，污水处理率改善情况见表 5 - 4。

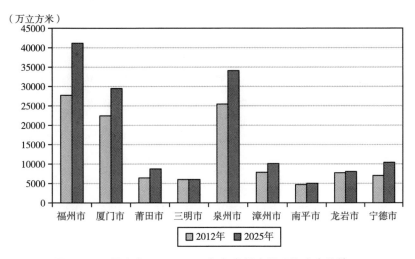

图 5 - 15　福建省 2012 ~ 2025 年各市污水处理能力变化情况

表5-4   福建省各市污水处理率变化情况

城市	污水处理率		
	规划目标	2012 年	2025 年
福州市	>90%	52.0%	87.6%
厦门市	>90%	72.3%	90.4%
莆田市	>80%	36.4%	58.6%
三明市	>85%	35.7%	44.7%
泉州市	>90%	39.1%	63%
漳州市	>90%	28.8%	40%
南平市	>80%	34.8%	40%
龙岩市	>90%	48.8%	62.5%
宁德市	>80%	45.4%	69.4%

福州市、厦门市、泉州市引入新的污水处理技术和新建污水处理厂后，污水处理能力有了显著的提高，分别从2012年的27729万立方米、22452万立方米、25438万立方米上升到2025年的41166万立方米、29475万立方米、34086万立方米，全市污水处理率分别从2012年的52%、72.3%、39.1%上升到2025年的87.6%、90.4%和63%，仅厦门市实现了规划目标。

莆田市、漳州市、南平市、龙岩市和宁德市也相应地对污水治理进行了财政投入，污水处理量分别从2012年的6421万立方米、7843万立方米、4696万立方米、8051万立方米、7024万立方米上升到2025年的8728万立方米、10106万立方米、5002万立方米、8051万立方米、10399万立方米，污水处理率分别从2012年的36.4%、28.8%、34.8%、48.8%、45.4%上升到2025年的58.6%、40%、40%、62.5%和69.4%，污水处理率仍有待进一步提高。而三明市在目标期内未引入新的污水处理技术，仅因为产业结构的优化调整减少了污水排放，从而使污水处理率由2012年的35.7%上升为2025年的44.7%。虽然各市污水处理率有显著提升，但仅厦门市实现规划目标，其余城市在污水治理方面还存在较大提升空间。从长期来看，福建省应针对各市治理需求进一步制定政策措施。

5.4.2.4 污泥资源化利用

福建省各市在污泥资源化利用方面各不相同，本书研究通过引入污泥发电技术，促进各市对污泥进行资源化利用，福建省污泥处理变化情况如图 5 - 16 所示，各市污泥资源化处理变化情况如图 5 - 17 所示。

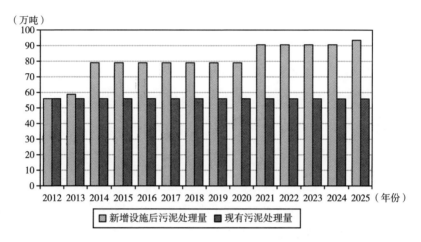

图 5 - 16 福建省 2012 ~ 2025 年污泥处理情况

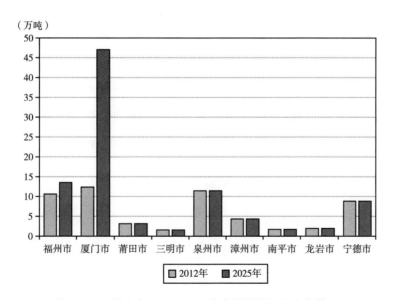

图 5 - 17 福建省 2012 ~ 2025 年各市污泥处理变化情况

引入污泥发电技术后，对新产生的污泥做发电处理。可以看出，从 2013 年以后，污泥处理量开始增加，增加量为 2.89 万吨；模型根据污泥产生量，阶段性地引入污泥处理技术，污泥处理增加量从 2014~2020 年保持在 23.11 万吨；2021 年以后，随着新的污泥处理技术的引入，污泥处理增加量达到 34.68 万吨，到 2025 年，福建省污泥处理增加量达到 37.57 万吨，总污泥处理能力达到 93.48 万吨，实现了《"十三五"全国城镇污水处理及再生利用设施建设规划》中对污泥处理的规划目标。

从各市的污泥处理情况来看，新增的污泥处理技术主要集中在福州市和厦门市，其他市尚未引入污泥发电技术。福州市的污泥处理能力由 2012 年的 10.6 万吨上升到 2025 年的 13.49 万吨；厦门市的污泥处理能力由 2012 年的 12.35 万吨上升到 2025 年的 47.03 万吨，污泥资源化利用水平大幅提高。从目前福建省各市的经济发展程度来看，莆田市、三明市、泉州市、漳州市、南平市、龙岩市和宁德市尚未对污泥的资源化利用引起重视，因此，福建省的污泥资源化利用空间有待进一步开发。

5.4.3 福建省污水污泥处理综合政策的环境影响

由于引入了新的污水污泥处理技术和产业结构调整政策组合，并对节能减排进行了约束，因此，环境质量得到了改善。本小节分别从能源消耗变动和污染物质排放变动来分析福建省污水污泥处理综合政策的环境影响。

5.4.3.1 福建省污泥处理的能源消耗

本书引入的污泥处理技术是通过污泥厌氧发酵产生甲烷，以此发电来回收可利用能源，但回收能源的同时将产生新的能源消耗。根据模拟结果，从图 5-18 中可以看出，在近期，污泥发电技术可以生产 1.054 万吨标准煤，但同时消耗了 1.85 万吨标准煤，因此，目前的污泥发电技术还处于开发阶段，其能源利用效率有待进一步提高。

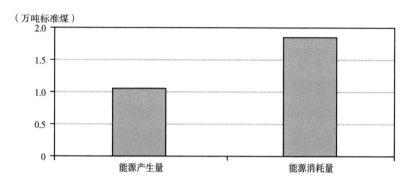

图 5 - 18　福建省引入污泥处理技术的能源消耗与生产情况

5.4.3.2　福建省能源消耗趋势

从图 5 - 19 中可以看出，福建省的能源消耗量在目标期初期呈现上升态势，从 2012 年的 11183 万吨标准煤上升到 2016 年的 15961 万吨标准煤，随后由于对能源消耗总量进行了约束，能源消耗量有所下降，到 2020 年为 14500 万吨标准煤。自 2021 年开始，由于产业发展的需要，以及引入新的污

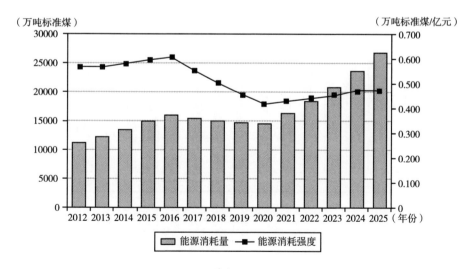

图 5 - 19　福建省 2012～2025 年能源消耗趋势

泥处理技术需要消耗一定的能源，因此能源消耗量出现反弹，到 2025 年为 26776 万吨标准煤。能源消耗强度随着能源消耗量的变动，在目标期内有所 波动，在 2020 年达到最低点，为 0.417 万吨标准煤/亿元，随后缓慢上升到 0.477 万吨标准煤/亿元，但仍满足《福建省"十三五"能源发展规划》的 目标。说明即使引入污水污泥处理技术和产业结构调整政策组合，福建省的 能源消耗和能源利用效率也能得到有效控制。

从各产业能源消耗情况来看，由于受到水资源总量、水污染物质减排以 及能源消耗总量的多重约束，产业结构得以调整，能源消耗结构也相应地发 生变化。从图 5-20 中可以看出，农林牧渔业，食品、烟草、纺织、木材及 其他制造业虽是高耗水、高 COD 排放的产业，但在福建省国民经济中仍属于 基础产业，其能源消耗量占比在目标期内出现小幅上升，分别从 2012 年的 6.31%、5.60% 上升到 2025 年的 8.09%、6.08%；装备制造业、建筑业与第

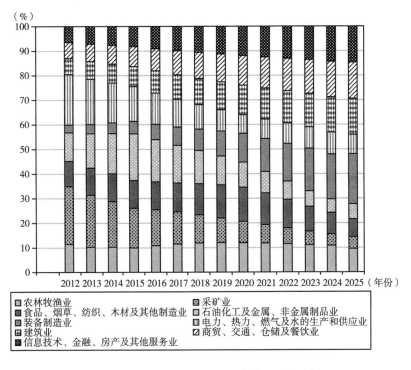

图 5-20　福建省 2012~2025 年能源消耗趋势

三产业（商贸、交通、仓储及餐饮业，信息技术、金融、房产及其他服务业），因高附加值、低耗水、低污染，产业规模得以迅速扩张，因此能源消耗量占比也分别由 2012 年的 1.74%、3.57%，迅速上升到 2025 年的17.09% 和 12.34%；采矿业，电力、热力、燃气及水的生产和供应业，由于受到水资源和水环境的双重约束规模有所缩减，在目标期内能源消耗量占比分别由 2012 年的 12.87%、11.25% 下降到 2025 年的 4%、6.54%；石油化工及金属、非金属制品业的能源消耗量占比在目标期内出现了先升后降的趋势，到 2025 年占比仅为 5.12%。

5.4.3.3　福建省环境污染物质排放趋势

从福建省水污染物质 COD 排放情况来看，在目标期内，污染物排放量总体呈现下降趋势，为经济发展提供了环境容量。

从图 5-21 中可以看出，水污染物质 COD 排放量由 2012 年的 660042吨，下降到 2025 年的 444226 吨，年均减排 3%。福建省的污水污泥处理和产业结构调整是在水污染物质减排控制下的最优方案，在经济发展的同时兼顾环境污染排放。

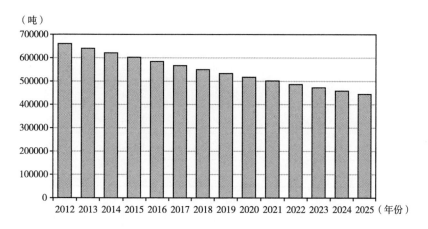

图 5-21　福建省 2012～2025 年水污染物质 COD 排放趋势

5.4.4 福建省各市可持续发展能力评价

5.4.4.1 福建省可持续发展能力评价

加强福建省污水污泥资源化利用程度，对产业结构进行调整，不仅对保障经济增长、改善环境有积极作用，对提高资源利用效率、环境效率也有重要作用。社会经济活动除了受资源的限制外，还要受到环境容量的约束。在本节中，运用经济增长速度、水资源利用强度、水污染物质 COD 排放强度和能源消耗强度四个指标，来衡量福建省资源承载机制和环境约束机制下的可持续发展能力（毕东苏，2005）。资源消耗强度越低，污染物排放强度越低，可持续发展能力越高。具体结果见表 5-5。

表 5-5   福建省可持续发展能力评价

年份	经济增长速度（%）	水资源利用强度（万立方米/亿元）	COD 排放强度（吨/亿元）	能源消耗强度（万吨标准煤/亿元）
2012	—	101.57	33.51	0.568
2013	7.4	93.67	29.71	0.567
2014	7.7	92.73	26.83	0.581
2015	8.5	91.30	24.02	0.595
2016	5.2	86.28	22.21	0.607
2017	6.0	80.99	20.34	0.552
2018	6.9	75.50	18.47	0.503
2019	7.8	69.92	16.64	0.458
2020	8.5	64.20	14.89	0.417
2021	9.3	59.02	13.23	0.430
2022	9.9	53.83	11.68	0.441

续表

年份	经济增长速度 （%）	水资源利用强度 （万立方米/亿元）	COD 排放强度 （吨/亿元）	能源消耗强度 （万吨标准煤/亿元）
2023	10.6	48.90	10.25	0.452
2024	11.1	45.41	9.19	0.474
2025	12.8	41.35	7.91	0.477

通过引入新的污水污泥处理技术和产业结构调整政策后，福建省在目标期内，水资源利用强度、水污染物质 COD 排放强度均呈现出逐年下降的趋势，分别从 2012 年的 101.57 万立方米/亿元、33.51 吨/亿元，下降到 2025 年的 41.35 万立方米/亿元、7.91 吨/亿元，说明对水资源利用量和水污染物质排放的约束效果明显；能源消耗强度在目标期内有所波动，但在 2025 年达到 0.477 万吨标准煤/亿元，比 2012 年降低了 0.091 个单位，说明能源利用效率得到了提高。

同时，经济增长速度在 2016 年有所下降，仅为 5.2%，但随后由于污水污泥处理技术和产业结构调整为经济发展释放了宽松的环境容量，对经济的带动作用开始显现，产业发展势头强劲，经济增长速度迅速上升，到 2025 年达到 12.8%，整个目标期内福建省经济年均增长速度为 8.6%，超额实现了《福建省"十三五"规划纲要》的 GDP 年均增长 8.5% 的经济发展目标。

综合上述四个指标的变动情况，可以看出污水污泥处理综合政策的引入使福建省水资源利用效率提高，水污染物质排放强度下降，能源利用效率提高，可持续发展能力呈现逐步上升的趋势。

5.4.4.2　福建省各市可持续发展能力评价

由于福建省的地理区位以及各市社会经济发展的不平衡，虽然全省总体实现了资源、环境、经济的可持续发展，但将规划目标落实到各市，发现各市在污水处理、污泥利用、节能减排等目标的实现情况上存在差距。因此，用经济增长速度、污水处理率、污泥处理量、单位产值能耗、COD 年均减排等指标的实现情况，来对各市的可持续发展能力进行综合评分（见表5-6）。

表5-6 福建省各市污水污泥处理和节能减排目标实现情况

城市	经济增长	污水污泥资源化利用		节能减排	
	年均8.5%	污水处理率	污泥处理量	能耗年均下降3%	COD年均减排3%
福州市	是	否	是	是	是
厦门市	是	是	是	是	否
莆田市	否	否	是	否	是
三明市	否	否	是	是	否
泉州市	否	否	是	是	是
漳州市	否	否	是	是	是
南平市	否	否	是	是	否
龙岩市	否	否	是	是	否
宁德市	是	否	是	是	是

对每个指标赋予相同的权重，满分为100分。根据是否完成经济增长、污水污泥资源化利用和节能减排目标情况，进行评分。根据模拟实现的结果，各市的得分与排名情况见表5-7。福州市和厦门市得分为80分，可持续发展能力排名并列第一；宁德市得分为60分，排名第二；泉州市得分为40分，排名第三；莆田市、三明市、漳州市、南平市、龙岩市得分为20分，排名最后。

表5-7 福建省各市可持续发展能力排名

城市	得分	排名
福州市	80	1
厦门市	80	1
莆田市	20	4
三明市	20	4
泉州市	40	3
漳州市	20	4

续表

城市	得分	排名
南平市	20	4
龙岩市	20	4
宁德市	60	2

　　从模拟结果可以看出，福建省各市经济发展水平和环境治理程度不相匹配，除福州市和厦门市在经济发展的同时仍兼顾环境治理以外，经济相对发达的泉州市和漳州市在环境治理方面的表现却不理想。此外，西部经济欠发达地区，因为产业发展较落后，重工业扩张而轻环境保护，生态环境保护意识较为薄弱，导致可持续发展能力较差。因此，应有针对性地对福建省各市的产业结构发展布局、水资源利用、污水污泥处理处置、污染物减排等方面提出政策建议，使各市逐步实现资源、环境、经济的协调发展。

5.5　小结

　　本章对福建省污水污泥资源化利用与城市可持续发展动态模型进行了检验，根据适应性测试结果，从产业结构调整政策、污水污泥资源化利用技术引进及节能减排约束等方面，设置了基准情景、改善情景、综合情景和加强情景四个情景，以此分析福建省经济总量、污水污泥资源化利用效率、环境效率、投资效率和可持续发展能力。根据《福建省"十三五"发展规划》《福建省"十三五"环境保护规划》《"十三五"全国城镇污水处理及再生利用设施建设规划》和《福建省"十三五"能源发展专项规划》制定的规划目标，最终选取加强情景作为福建省可持续发展的最优情景，以加强情景的模拟趋势来指导福建省未来的发展方向。结果总结如下所述。

5.5.1　污水污泥资源化利用率有所提高

引入了新的污水处理技术并新建污水处理厂后，福建省污水处理能力逐渐增加。从 2012 年的 115338 万立方米，逐渐增加 2025 年的 153021 万立方米。再生水生产量由 2012 年的 6123 万立方米，逐年增加到 2025 年的 35223 万立方米。再生水回用率有明显改善，由 2012 年的 5.3%，上升到 2025 年的 23.2%。

分城市来看，福州市、厦门市、泉州市引入新的污水处理技术和新建污水处理厂后，污水处理能力有了显著的提高，全市污水处理率分别从 2012 年的 52%、72.3%、39.1% 上升到 2025 年的 87.6%、90.4% 和 63%；莆田市、漳州市、南平市、龙岩市和宁德市也相应地对污水治理进行了财政投入，污水处理率分别从 2012 年的 36.4%、28.8%、34.8%、48.8%、45.4% 上升到 2025 年的 58.6%、40%、40%、62.5% 和 69.4%。三明市在目标期内未引入新的污水处理技术。虽然污水处理和回用水平有所改善，但从长期来看，福建省仍要重视污水治理工作。

引入污泥发电技术后，对新产生的污泥做发电处理。污泥处理增加量从 2013 的 2.89 万吨上升到 2025 年的 37.57 万吨，总污泥处理能力达到 93.48 万吨，实现了《"十三五"全国城镇污水处理及再生利用设施建设规划》中对污泥处理的目标。

从各市的污泥处理情况来看，新增的污泥处理技术主要集中在福州市和厦门市，污泥处理能力分别由 2012 年的 10.6 万吨、12.35 万吨上升到 2025 年的 13.49 万吨、47.03 万吨，污泥资源化利用水平大幅提高。莆田市、三明市、泉州市、漳州市、南平市、龙岩市和宁德市尚未对污泥的资源化利用引起重视，从长期来看，福建省的污泥资源化利用空间有待进一步开发。

5.5.2　产业结构调整实现经济可持续增长

福建省的地区生产总值 GRP 在目标期内不断上升，由 2012 年的 19699
亿元，上升到 2025 年的 56142 亿元。在目标期内，由于节能减排约束对高
耗水、高耗能、高污染的产业产能进行了缩减，同时增加了新污水污泥处
理技术的财政补贴，GRP 增长率短暂下降后稳步上升，以年均 8.6% 的速
度超额实现了福建省"十三五"发展规划目标。福建省三次产业结构调整
为 3.8∶50.7∶45.4，基本实现了"十三五"规划中第二、第三产业的发展
目标。

从各市的经济总量变动趋势来看，福州市、厦门市、泉州市为福建省经
济发展第一梯队，年均增速分别为 9.1%、11.7% 和 6.9%。漳州市为福建省
经济发展的第二梯队，年均增速达到 8%。莆田市、三明市、南平市、龙岩
市和宁德市作为福建省经济发展的第三梯队，年均增速分别为 6.9%、
6.6%、7.0%、8.2% 和 9.8%。经济发展相对落后的南平市、龙岩市和宁德
市在引入污水污泥处理技术、加强节能减排约束和产业结构调整后，经济增
长有了显著提高。

5.5.3　节能减排效果明显

由于引入了新的污水污泥处理技术和产业结构调整政策组合，并对节能
减排进行了约束，因此环境质量得到了改善。新引入的污泥处理技术在回收
能源的同时产生新的能源消耗。从总体来看，福建省的能源消耗量呈现上升
态势，能源消耗强度有所波动，但仍满足《福建省"十三五"能源发展专项
规划》的目标。说明即使引入污水污泥处理技术和产业结构调整政策组合，
福建省的能源消耗和能源利用效率也能得到有效控制。从水污染物质 COD 排

放情况来看，在目标期内，污染物排放量总体呈现下降趋势，年均减排3%，为经济发展提供了环境容量。

各市经济发展水平和环境治理程度不相匹配，东部发达地区除福州市和厦门市外，泉州市和漳州市在环境治理方面的表现并不理想；西部经济欠发达地区重工业扩张而轻环境保护，可持续发展能力较差。应有针对性地对福建省各市的产业结构发展布局、水资源利用、污水污泥处理处置、污染物减排等方面提出政策建议。

第6章 福建省污水污泥最优化处理政策和区域发展建议

根据福建省污水污泥资源化利用和可持续发展政策模拟结果，对福建省污水污泥资源化利用、产业发展规划、政府财政补贴和节能减排提出政策建议。

6.1 福建省污水污泥处理政策建议

为了实现福建省污水污泥处理综合目标，本小节从污水处理技术选择、污水处理设施建设、污泥发电技术选择、污泥处理设施建设四个方面提出政策建议。

6.1.1 福建省污水处理技术选择及设施建设建议

为了提高福建省污水处理和循环利用效率，模型拟引入5种新的污水处理技术，即活性污泥法、膜生物处理技术、双膜生物处理技术、陶瓷膜生物处理技术、萃取膜生物处理技术。5 种污水处理技术在建设费用、污水处理率、中水产出率及运行成本上各不相同。在保证社会经济稳步发展，水资源循环利用，污水处理率和再生水回用率达到规划目标，能源消耗、水污染物质排放达到规划目标的多约束下，模型根据不同地区对污水处理的需求，最终主要选择了投资效率较高、运行成本较低的膜生物处理技术和中水产出率、环境效率、运行成本居中的双膜生物处理技术。

膜生物处理技术建设费用为 5000 万元，每投资 1 万元能处理 0.36 万吨污水，投资效率较高；年均污水处理量为 1800 万吨，再生水生产量为 1390 万吨，中水产出率为 77%，污水处理效率适中；每处理 1 万吨污水，COD 去除量为 3300 千克，环境效率适中；后期运行成本为 1.5 元/吨，运行费用低。通过该技术处理后的再生水水质可用于工业生产。福建省大多数城市，均选择此技术处理污水。说明在短期内，福建省为了保持经济稳步增长，在进行水环境治理时应重点考虑投资效率高的污水处理技术。同时，处理规模适中的污水处理厂更加适合福建省的城市发展和产业布局。

另外，根据模型结果，福州市和泉州市在膜生物处理技术的基础上，各增加了一处双膜生物污水处理厂。双膜生物处理技术建设费用高，前期投入大，年污水处理能力是膜生物处理技术的 2 倍，为 3650 万吨；中水产出率较高，达到 80%；环境效率较高，每处理 1 万吨污水可去除 3450 千克 COD；每处理 1 吨污水需要投入 3 元的运行成本，后期维护成本适中；经过双膜生物处理技术处理后的再生水可用于农业和工业。因此，该技术适合经济发展程度较高，对污水处理程度要求较高的地区。

6.1.2 福建省污水处理设施建设建议

福建省各市的产业发展和经济增长存在差距，污水产生量、水污染物处

理水平及对污水处理的需求都各不相同。因此，模型根据各市的用水总量、
污水排放量、水污染物质 COD 排放量，以及《"十三五"全国城镇污水处理
及再生利用设施建设规划》和各市"十三五"发展规划中关于污水处理的规
划目标，计算出了各市建设污水处理厂的数量（见表 6 - 1），以此提出福建
省污水处理设施建设的区域分配建议。

表 6 - 1 福建省各市新建污水处理厂建议

城市	新建污水处理厂（处）	技术选择
福州市	6	B、C
厦门市	6	B
莆田市	1	B
三明市	0	—
泉州市	5	B、C
漳州市	1	B
南平市	1	B
龙岩市	1	B
宁德市	2	B
合计	23	B、C

注：B 代表膜生物处理技术，C 代表双膜生物处理技术。

　　福州市、厦门市和泉州市地处东南沿海平原，经济发展程度居福建省前
列，随着产业扩张、城镇化水平的不断提高，污水和水污染物质排放也不断
增加，对污水处理厂的需求较大。因此，在目标期内，福州市拟引入 5 处膜
生物污水处理厂和 1 处双膜生物污水处理厂，厦门市拟引入 6 处膜生物污水
处理厂，泉州市拟引入 5 处膜生物污水处理厂和 1 处双膜生物污水处理厂。
引入新污水处理技术和新建污水处理厂后，福州市、厦门市和泉州市全市污
水处理率分别由 2012 年 52%、72.3% 和 39.1% 上升到 2025 年的 87.6%、
90.4% 和 63%，污水处理能力有所改善，但仍有待进一步提高。

　　莆田市、漳州市、南平市、龙岩市和宁德市经济发展水平较低，对环境
治理的投入也相应较少。根据用水需求、水污染物质减排目标，在目标期内，

建议上述城市分别引入膜生物污水处理厂1处、1处、1处、1处、2处。引入新污水处理技术和新建污水处理厂后，其污水处理率分别由2012年的36.4%、28.8%、34.8%、48.8%、45.4%增加到2025年的58.6%、40%、40%、62.5%和69.4%。龙岩市、宁德市污水处理能力有很大提高，但尚无法实现各市对污水处理能力的规划要求。

综上，在目标期内，福建省9个市共新建污水处理厂23处，在很大程度上提高了水资源的循环利用效率，减少了水污染物质排放，但从长期来看，污水处理能力仍需进一步提高。

6.1.3　福建省污泥处理技术选择建议

为了提高福建省污泥处理，模型选择两种污泥处理技术路线，一种是德国的厌氧发酵—流化床干燥技术，另一种是日本的流化床干化燃烧技术。分别对每种技术路线选取两个污泥处理厂的参数进行计算，将技术路线划分为厌氧发酵—流化床干燥技术Ⅰ型（A-D-F-Ⅰ）、厌氧发酵—流化床干燥技术Ⅱ型（A-D-F-Ⅱ）、流化床干化燃烧技术Ⅰ型（F-C-Ⅰ）和流化床干化燃烧技术Ⅱ型（F-C-Ⅱ）。污泥厌氧发酵技术可以产生甲烷，利用甲烷发电回收利用能源。污泥燃烧技术可以直接发电。为了实现经济增长、用水总量控制、能源消耗总量控制、污染物质排放控制的多重目标，模型根据不同城市的污泥处理能力及需求，最终选择了投资成本、运行成本较低的厌氧发酵—流化床干燥技术Ⅰ型，前期投资建设费用为2630万元，后期每处理1万吨污泥要投入714万元的运行成本。

6.1.4　福建省污泥发电设施建设建议

由于短期内，通过污泥厌氧发酵技术产生的甲烷发电回收的可利用能源不足以补偿该技术运行所消耗的能源量,因此,建议由经济相对发达的城市先进行试点,在污水处理的同时对污泥进行资源化利用。模型根据各市的地区生产总量、污泥处理能力、能源供需等约束,建议福州市引入1处厌氧发酵—流化床干燥技术Ⅰ型污泥处理厂,厦门市引入8处厌氧发酵—流化床干燥技术Ⅰ型污泥处理厂,全省共计9处(见表6-2)。引入后,福州市、厦门市新增污泥处理能力分别为2.89万吨、34.68万吨。

表6-2 福建省各市新建污泥处理厂建议

城市	新建污泥处理厂(处)
福州市	1
厦门市	8
莆田市	0
三明市	0
泉州市	0
漳州市	0
南平市	0
龙岩市	0
宁德市	0
合计	9

6.2 福建省产业发展规划建议

为了实现福建省资源、环境、经济的可持续发展,应该在环境容量有限的前提下进行产业发展。本节从产业的财政补贴额度和产业结构调整两个方面提出福建省产业发展的规划建议。

6.2.1 福建省产业结构调整财政补贴

福建省在用水总量、能源消耗总量及污染物排放约束下要保证经济的稳步发展，必须进行产业结构调整。模型通过对产业产能的缩减和扩张进行了财政补贴，具体补贴情况见表6-3。

表6-3 福建省各产业政府补贴额

产业	产业补贴（亿元）
农林牧渔业	0.00
采矿业	23.18
食品、烟草、纺织、木材及其他制造业	597.35
石油化工及金属、非金属制品业	326.60
装备制造业	303.64
电力、热力、燃气及水的生产和供应业	29.00
建筑业	119.71
商贸、交通、仓储及餐饮业	285.21
信息技术、金融、房产及其他服务业	1342.15
合计	3026.84

根据模拟结果，目标期内用于产业结构调整的财政补贴总额为3026.84亿元。其中，为采矿业提供23.18亿元的产业补贴，用于缩减采矿业产能，对采矿业造成的环境影响进行修复；为食品、烟草、纺织、木材及其他制造业提供597.35亿元的产业补贴，重点推进传统轻工业食品工业、制鞋业、造纸业提升发展，发挥化纤、织造、染整、服装、纺机产业链优势，做大做强纺织化纤和服装生产基地；为石油化工及金属、非金属制品业提供326.6亿元产业补贴，加快冶金业延伸下游精深加工产业，提升产品品质和附加值，打造不锈钢产业基地和铜生产研发重要基地；为装备制造业提供303.64亿元

产业补贴，重点推广集成制造、高效节能电机制造、精密制造等先进生产方式，鼓励发展高端产品；为电力、热力、燃气、水的生产和供应业提供29亿元产业补贴，用于缩减现有产业产能，对已有设备进行技术改造和环境改善，提高生产效率；为建筑业提供119.71亿元产业补贴，加快发展新型材料、促进行业转型升级，提升石材、建筑陶瓷、汽车玻璃工业发展水平；为商贸、交通、仓储及餐饮业提供285.21亿元产业补贴，优化传统服务业发展环境；为信息技术、金融、房产及其他服务业提供1342.15亿元产业补贴，加快推进物流、金融、文化创意、服务外包、科技和信息服务、节能环保、检验检测等生产性服务业社会化专业化发展、向价值链高端延伸。

6.2.2　福建省产业结构调整规划

通过政府财政对产业进行补贴，从而调整产业结构（见图6-1），调整后的产业结构以年均8.6%的增长速度实现经济增长，在提高污水污泥资源化利用及实现节能减排目标的同时，超额实现了福建省"十三五"规划中制定的8.5%的经济增长目标。

从产业结构占比来看，根据模型的模拟结果，高耗水、高污染和高耗能的产业将进行缩减，如农林牧渔业，采矿业，食品、烟草、纺织、木材及其他制造业，石油化工及金属、非金属制品业，电力、热力、燃气及水的生产和供应业，产值比重分别由2012年的5.46%、1.38%、23.37%、17.99%、3.45%缩减到2025年的2.30%、0.14%、8.34%、4.75%、0.66%。

重点发展产品附加价值率高、水资源利用效率高、能源消耗强度低和污染排放强度低的产业，如装备制造业，建筑业，商贸、交通、仓储及餐饮业，信息技术、金融、房产及其他服务业，将产值比重分别由2012年的13.74%、9.92%、10.79%、13.91%提高到2025年的44.5%、11.27%、12.25%、15.79%。

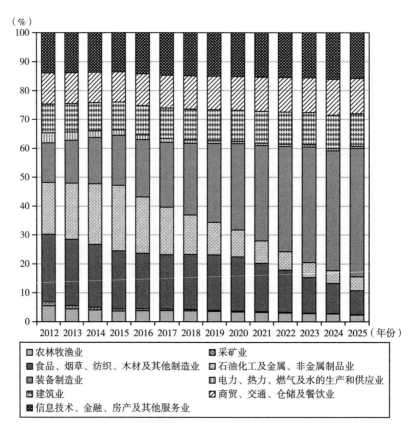

图 6-1 福建省产业结构调整规划

从行业发展方向来看，福建省要全力推进产业转型升级，建成东部沿海先进制造业重要基地，实现现代服务业大发展，促进产业迈向中高端，在"十四五"期间加快构建现代产业体系。

第一，提档升级特色现代农业与食品加工、冶金、建材等优势传统产业，重点建设以下工程：（1）工业强基工程。加快研发一批关键基础材料和核心基础零部件（元器件），提升铸锻、焊接、热处理、表面处理及特殊加工等先进制造工艺水平。（2）新一轮技术改造提升工程。支持企业采用先进适用的新技术、新装备、新工艺、新材料改造提升传统特色产业，加快信息技术应用，推进传统产业智能化改造。（3）食品产业集聚提升工程。做强闽东南和闽北果蔬加工、泉州休闲食品产业集群，发展壮大沿海水产品加工产业带、闽西北畜禽产品加工业，提升闽南、闽北、闽东茶业加工水平。（4）铜生产研发重要基地。推动铜冶炼及深加工等重大项目建设。（5）不锈钢新材料重要产业基地。推动不锈钢新材料、节镍不锈钢深加工、不锈钢产业园等重大项目建设。（6）工业园区改造提升行动。提升完善园区配套基础设施和公共服务设施，推进省级以上老工业园区扩区升级和循环化改造。

第二，加快提升电子信息和数字产业、石油化工、先进装备制造三大主导产业的技术水平和产品层次，延伸产业链、增强核心竞争力。（1）推动电子信息产业和数字产业的跨越发展。紧紧抓住信息产业快速发展的契机，打造东南沿海新的电子信息产业和数字产业基地。重点发展高端集成电路制造及封装测试、集成电路设计、新型半导体显示器件、低温多晶硅显示面板及彩色滤光片、微波通信、激光及红外探测镜头、工业机器人镜头及应用系统、蓝宝石衬底、LED外延片芯片、晶硅太阳能电池组件等；加快数字化发展，把数字福建建设作为推动高质量发展的基础性先导性工程，持续放大数字中国建设峰会平台效应，深化国家数字经济创新发展试验区建设。（2）推动石油化工产业全产业链发展。以"两基地一专区"为依托，以炼化一体化项目为龙头，促进炼油及乙烯等重点化工原料产能倍增，加快发展中下游产业，鼓励发展精细化工产业，全面延伸"三烯三苯"产业链，丰富三大合成材料的种类，加强与关联产业对接，在发展的同时注重消除环境影响。（3）推动先进装备制造业高端化发展。重点突破核心基础零部件和先进基础工艺，突出智能制造及运用，发展智能装备制造业，加快增材制造等前沿技术研发，构建高端机械、高档数控机床、智能化输配电设备、轨道交通装备、整车及关键零部件、风电核电装备、海洋工程装备等产业链，建立健全重大装备开发制造体系，打造高端装备制造、汽车产业基地和国家级船舶、海洋工程装备修造基地。

第三，培育壮大新材料、新能源、节能环保、生物与新医药、海洋高新五大新兴产业，推进战略性新兴产业规模化。发挥产业政策导向和产业投资引导基金作用，培育一批战略性新兴产业。实施新兴产业倍增计划，加快突破技术链、价值链和产业链的关键环节，推动新一代信息技术、新材料、新能源、节能环保、生物和新医药、海洋高新等产业规模化发展。（1）新一代信息技术重点发展以物联网、大数据、云计算为技术依托的软件和信息服务业，新一代通信系统（含移动互联网）的网络设备、智能天线、智能终端。（2）新材料重点加强稀土及稀有金属材料、光电材料、化工新材料、环境工程材料、特种陶瓷材料、石墨烯等领域自主创新和技术突破，打造一批国家级稀土、钨、储氢合金、高性能磁性、环境工程、特种陶瓷等新材料研发和产业基地。（3）新能源重点发展太阳能光伏、风电设备、新型环保电池，建设海西核能工程技术中心、新能源汽车基地、新型环保动力电池制造研发中心，打造国家级太阳能光伏产业基地、国家级海上风电检测中心和东南沿海风电装备制造基地。（4）生物和新医药重点发展生物制药、医疗器械、医药耗材、现代中药及中药材、生物制造、化学药物等，加大重大创新药物、重点仿制药物和高性能医疗器械开发和产业化，形成规模化发展。（5）海洋高新重点培育发展海洋生物制药、海洋生物制品、海洋生物材料等领域，提升海洋可再生能源装备、海洋矿产资源开发装备和海水淡化利用设备制造业竞争力。

第四，推动现代服务业大发展。（1）促进生产性服务业社会化、专业化、高端化。加快多式联运设施建设，推进物流信息化，加快建设物流节点、物流园区和航运枢纽，大力发展第三方物流、商贸物流和电子商务流。加快发展融资租赁、互联网金融等金融服务业，推进跨境人民币业务，建成两岸区域性金融服务中心。大力发展工业设计、创意设计、数字传媒、动漫游戏等文化创意产业，推进设计服务与相关领域融合发展。推进制造业主辅分离，加快向生产服务型转变。引导生产性服务业在中心城市、开发区（工业园区）、现代农业产业基地以及有条件的城镇等区域集聚，推动在区域间形成分工协作体系和特色产业集群。（2）推动生活性服务业便利化、精细化、品质化。重点发展旅游、健康养老、商贸流通、文化体育和家庭服务等生活性服务业，丰富服务内容、创新服务方式，实现总体规模持续扩大。

6.3　福建省污水污泥处理财政投资及补贴

为了提高污水污泥资源化利用程度，引入污水污泥处理技术、新建污水污泥处理厂需要政府的财政补贴。本节从财政补贴总额和区域分配两个方面提出福建省政府对污水污泥处理的财政补贴建议。

6.3.1　污水污泥处理财政补贴需求

根据模拟结果，在目标期内，福建省用于引入污水污泥处理技术和建设污水污泥处理厂，共需要政府给予 91.42 亿元。其中，50.70 亿元用于新建污水处理厂及后期维护，40.71 亿元用于新建污泥处理厂及运行（见图 6 - 2）。

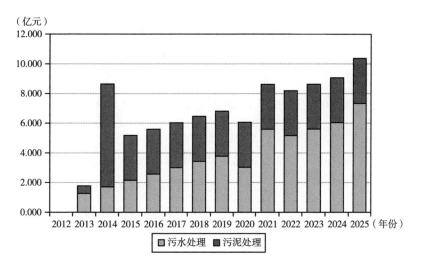

图 6 - 2　福建省污水污泥处理财政补贴需求总额

在目标期初期、中期及末期均有投入新的污水处理厂，一旦污水处理厂建成投产，将产生后期运行成本费用，因此福建省用于污水处理的财政补贴呈现逐年递增的趋势，补贴额由 2013 年的 1.265 亿元上升到 2025 年的 7.341 亿元。

对污泥处理的需求在目标期初期已显现，因此在 2014 年需要大量的财政补贴用于污泥处理厂的投建，随后为了维持污泥处理厂的运行，每年要投入一定的维护费用，因此福建省财政在 2014 年需要 6.938 亿元用于投资建设污泥处理厂，随后每年补贴 3.024 亿元作为污泥处理厂的运行费用。

福建省对政府财政补贴的年度需求随着新污水污泥处理技术的投建而有所波动，一旦处理厂建成，每年将产生维持成本，具体的年度分配如下：2013 年 1.77 亿元，2014 年 8.65 亿元，2015 年 5.18 亿元，2016 年 5.59 亿元，2017 年 6.03 亿元，2018 年 6.46 亿元，2019 年 6.81 亿元，2020 年 6.06 亿元，2021 年 8.62 亿元，2022 年 8.20 亿元，2023 年 8.63 亿元，2024 年 9.06 亿元，2025 年 10.37 亿元。

6.3.2　福建省财政补贴需求的区域分配

各市对新建污水污泥处理的需求不同，从污水处理来看，福州市、厦门市和泉州市新建污水处理厂分别为 6 处、6 处、5 处，分别需要 3.295 亿元、3.105 亿元和 2.383 亿元用于新建污水处理厂，配套地需要 8.852 亿元、13.014 亿元和 10.871 亿元进行后期维护。

莆田市、漳州市、南平市、龙岩市和宁德市新建污水处理厂分别为 1 处、1 处、1 处、1 处，1 处、2 处，因此分别需要 0.599 亿元、0.610 亿元、0.067 亿元、0.069 亿元和 0.837 亿元用于新建污水处理厂，配套地需要 4.205 亿元、0.989 亿元、0.398 亿元、0.486 亿元和 0.922 亿元进行污水处理厂的后续维护。

从污泥处理来看，投资成本和运行成本较高，且能源消耗量较大，因此在短期内，仅经济较发达的福州市和厦门市率先引入污泥处理技术并新建处理厂。在目标期内，福州市和宁德市新建污泥处理厂分别为 1 处、8 处，分别需要 0.263 亿元、1.977 亿元用于投资建厂，配套地需要 4.28 亿元、34.19亿元进行污泥处理厂的后期运行。

总的来看，福建省政府财政用于污水污泥处理厂的新建和维持的财政补贴的区域分配情况如下：福州市 16.69 亿元，厦门市 52.286 亿元，莆田市4.804 亿元，泉州市 13.254 亿元，漳州市 1.599 亿元，南平市 0.465 亿元，龙岩市 0.555 亿元，宁德市 1.759 亿元。

福建省各市新建污水污泥处理厂的财政补贴见表 6 - 4。

表 6 - 4　　　　**福建省各市新建污水污泥处理厂的财政补贴**　　　单位：亿元

城市	污水处理厂		污泥处理厂		合计
	建设投资	维持成本	建设投资	维持成本	
福州市	3.295	8.852	0.263	4.28	16.69
厦门市	3.105	13.014	1.977	34.19	52.286
莆田市	0.599	4.205	0	0	4.804
三明市	0.000	0.000	0	0	0
泉州市	2.383	10.871	0	0	13.254
漳州市	0.610	0.989	0	0	1.599
南平市	0.067	0.398	0	0	0.465
龙岩市	0.069	0.486	0	0	0.555
宁德市	0.837	0.922	0	0	1.759

6.4　福建省资源节约和环境改善建议

为了响应国家关于节能减排的号召，缓解资源环境约束，应对全球气候变化，促进经济发展方式转变，建设资源节约型、环境友好型社会，增强可持续发展能力，福建省要积极推进节能减排的工作进程。本书研究仅通过引入污水污泥处理技术和产业结构调整，使福建省水资源利用效率、能源利用效率有所提高，水污染物质实现减排目标。但各市实现节能减排目标的情况各不相同。因此，还应该进一步采取资源节约和节能减排的具体措施。

6.4.1　福建省水资源优化配置

在用水总量和节能减排的共同约束下，高耗水、高污染和高耗能的产业产值受到缩减，从而对福建省用水结构进行了调整，调整结果如图 6 - 3 所示。以此提出福建省水资源优化配置的政策建议。

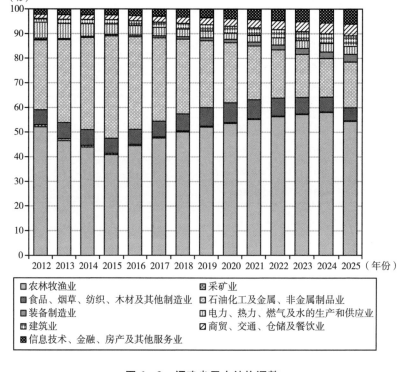

图 6 - 3　福建省用水结构调整

农林牧渔业用水占福建省用水总量比重偏大，虽然在目标期内该产业占比不断下降，但用水量占比始终在40%~54%徘徊，因此还要进一步细分第一产业内部产品结构，发展生态农业技术，加强农林牧渔业的节水效率，重视农田养分管理、化肥农药管理等；采矿业，食品、烟草、纺织、木材及其他制造业，石油化工及金属、非金属制品业，电力、热力、燃气及水的生产和供应业的用水量随着产业缩减而有所减少，用水所占比重分别由2012年的0.93%、6.07%、28.31%、6.82%下降到2025年的0.24%、5.36%、18.52%、3.23%。

将缩减的水资源需求让渡给生产效率更高、节能减排效果更好的产业，如装备制造业，建筑业，商贸、交通、仓储及餐饮业和信息技术、金融、房产及其他服务业，用水量占比分别由2012年的0.39%、1.55%、1.68%、2.17%上升到2025年的3.10%、4.35%、4.73%和6.09%。

说明福建省在引入污水污泥处理和节能减排综合政策后有效地优化了水资源利用结构。未来将进一步实行严格的水资源管理制度，以水定产、以水定城，建设节水型社会，积极实施雨洪资源利用、再生水利用、海水淡化工程。此外，还应该进一步改善城市水循环系统、产业生产水循环系统，提高污水的二次应用、循环应用，最大限度地节约水资源。

6.4.2　福建省节能降耗建议

在节能降耗方面，福建省除莆田市以外，均实现了能源消耗量年均减少3%的目标。除了对一次能源消耗总量进行限制外，还应该实行全民节能行动计划、单位产品能耗标准、绿色建筑标准等约束，单位生产总值能耗保持低于全国平均水平。突出抓好重点领域节能，实施节能改造、节能技术装备产业化、合同能源管理等重点工程，大力推广高效节能低碳技术和产品。发展节能建筑、绿色建筑。组织实施重点用能单位节能低碳行动，健全能源监管体系，推进能耗在线监测系统建设。推行能效"领跑者"、节能发电调度、电力需求侧管理等新机制。

6.4.3 福建省污染物减排建议

在污染物减排方面，全省各市完成情况各不相同。福州市、莆田市、泉州市、宁德市实现了水污染物质年均减排3%的目标，其他市减排任务尚未实现。说明，仅通过引入污水处理技术和产业结构调整无法全面实现污染减排目标，尤其是西部山区由于农业占地面积较大，且居住分散性等特征，使得污水污泥处理设施部署成本高且效率较低，因此应进一步采取措施，深入推进主要污染物减排和治理，强化污染排放标准约束和源头防控。落实水污染防治行动计划工作方案，实施"河长制"，实行流域共治，推进"六江两溪"重点流域差异化管理，重点推进城乡生活污染、工业污染、畜禽养殖污染治理。开展水源地综合整治，保障饮水安全。加大小流域、城市内河环境整治力度。制订实施土壤污染防治行动计划工作方案，强化涉重金属行业、工矿企业环境监管，开展土壤修复试点。加强固体废物、重金属污染防治，加快生活垃圾、危险废物处理处置设施建设。强化核与辐射安全、持久性有机污染物和有毒有害化学品监管。在大气污染方面，要落实大气污染防治行动计划实施细则，推进区域联防联控和预警预报，强化机动车等移动源污染治理，加强道路和工地扬尘防治，深化重点工业污染源、石化行业挥发性有机物综合整治。

此外，2020年习近平总书记"碳达峰、碳中和"目标的提出，也为全国经济社会高质量发展提供了方向指引，将倒逼我国经济社会发展全面低碳转型，促进能源结构、产业结构、经济结构转型升级（唐艳兵，2021）。在"十四五"期间，福建省要着力统筹推进调整产业结构、节能提高能效、优化能源结构、增加生态碳汇等降碳路径，严格控制高耗能项目新增产能，大力发展可再生能源、规模化储能、新能源汽车、绿色建筑、清洁供暖、碳捕集、利用与封存（CCUS）等绿色低碳新技术新产业，大幅提升资源循环利用效率推动源头减碳，优化重大能源基础设施布局防范碳锁定风险，推动重点区域和行业碳排放率先达峰，以更低的资源环境和碳排放代价实现绿色低碳可持续发展。

6.5　小结

本章根据内生模拟结果，从先进污水污泥技术选择与布局、绿色产业发展规划、政府投资及补贴分配、资源节约和环境改善措施四个方面提出具体的政策建议方案。

（1）先进的污水污泥技术选择与布局。通过各市污水、污泥处理需求，污水、污泥处理技术产能，当地产业生产总值、规划目标等因素，模型内生得出福建省各市的技术分配方案，据此提出如下建议。在污水处理方面，建议福建省选择膜生物处理技术和双膜生物处理技术，其区域分配计划为，福州市、厦门市、莆田市、泉州市、漳州市、南平市、龙岩市和宁德市各新建6处、6处、1处、5处、1处、1处、1处、2处污水处理厂，共计23处。在污泥处理方面，建议选择厌氧发酵—流化床干燥技术路线，由经济相对发达的福州市和厦门市先进行试点，分别引入1处和8处，共计9处。

（2）绿色产业发展规划。模型将水资源节约、节能减排等目标作为产业发展的约束条件嵌入，由此模拟得出福建省产业结构调整方案。建议将高耗水、高污染和高耗能的产业进行缩减，如农林牧渔业，采矿业，食品、烟草、纺织、木材及其他制造业，石油化工及金属、非金属制品业，电力、热力、燃气及水的生产和供应业，产值比重分别由 2012 年的 5.46%、1.38%、

23.37%、17.99%、3.45% 缩减到 2025 年的 2.30%、0.14%、8.34%、4.75%、0.66%。重点发展产品附加价值率高、水资源利用效率高、能源消耗强度低和污染排放强度低的产业，如装备制造业，建筑业，商贸、交通、仓储及餐饮业，信息技术、金融、房产及其他服务业，将产值比重分别由 2012 年的 13.74%、9.92%、10.79%、13.91% 提高到 2025 年的 44.5%、11.27%、12.25%、15.79%。

（3）政府投资及补贴分配。根据模型得出的上述污水污泥技术选择和区域分配方案，基于技术数量及其所需建设成本和运营费用计算得出政府财政补贴额度。因此，2012～2025 年共需要政府财政给予 91.42 亿元用于引入新污水污泥技术处理厂，其中 50.70 亿元用于新建污水处理厂及后期维护，40.71 亿元用于新建污泥处理厂及后期运行。具体区域分配情况为：福州市 16.69 亿元，厦门市 52.28 亿元，莆田市 4.804 亿元，泉州市 13.25 亿元，漳州市 1.59 亿元，南平市 0.465 亿元，龙岩市 0.55 亿元，宁德市 1.76 亿元。

（4）资源节约和环境改善措施。在节水方面，福建省在引入污水污泥处理和节能减排综合政策后，水资源配置结构得以优化。未来将进一步实行严格的水资源管理制度，以水定产、以水定城，建设节水型社会，积极实施雨洪资源利用、再生水利用、海水淡化工程、城市水循环工程。在节能方面，实行全民节能行动计划、单位产品能耗标准、绿色建筑标准等约束。实施重点领域节能改造、节能技术装备产业化等重点工程，大力推广高效节能低碳技术和产品。在减排方面，污染物减排目标尚未全面实现，应深入推进主要污染物减排和治理，强化污染排放标准约束和源头防控。

第7章 结 论

　　中国经济已从高速发展阶段转入全面高质量发展阶段，城市人口急剧增加，城市规模迅速扩大，工业废水和城市生活污水大量排放，污水处理厂污泥产生量也急剧增加，而中国城市污泥处置技术还不够成熟，处置设施建设相对滞后，"十三五"规划、"水十条"等系列政策、标准和法律法规的出台，让中国污水污泥产业面临前所未有的挑战。以福建省为例，根据福建省生态环境厅统计数据，2018年全省废水排放总量为32.6亿吨，其中工业废水排放量为14.7亿吨，仅有1.8亿吨工业废水排入污水处理厂。污水处理能力地区分布不均，污水再生利用规模很小，仅为4661万吨，水资源循环利用程度很低。在污泥处理方面，2018年福建省以土地利用（27.5%）和建筑材料利用（29.7%）为主，污泥填埋（11.8%）、污泥焚烧（3.2%）等其他处置方式为辅，尚无法完全满足污泥安全处置的要求。随着社会发展和技术进步，污泥填埋或土地利用方式将逐渐面临淘汰，污泥资源化利用将成为污泥处置的趋势，潜力巨大。为了应对不断增多的污水污泥排放和支持快速城市化与持续改善环境，国家发展改革委会同住房城乡建设部制定了《"十三五"全国城镇污水处理及再生利用设施建设规划》，指明到2020年福建省要升级改造污水处理规模181万立方米/日，污泥处理处置规模要达到79.1万吨/年，污水再生利用规模要达到66万立方米/日。如何在节能减排目标约束下，既提高污水污泥再利用水平，又保持经济稳步增长，不仅是福建省，也是全国城市实现高质量发展不容忽视的问题。

为了实现可持续发展目标，福建省政府在社会、经济、环境等方面制定了明确规划，但现状与规划目标存在一定的差距。在经济发展的同时兼顾资源环境的持续改善，实现在水资源总量控制、节能减排目标约束下的社会经济最优化发展，需要通过建模和仿真模拟来寻找最优均衡。

本书基于价值平衡理论、物质平衡理论、能源平衡理论，构建包括一个目标函数（GRP 最大化）和社会经济发展模型、水资源平衡模型、能源平衡模型、水污染物质排放模型的动态最优化模型，设计城市污水污泥处理综合政策方案，并将其作为内生变量引入模型。模型的目标是实现在水资源消耗、能源消耗、环境污染物排放等多重约束下的地区经济可持续增长。

通过动态模拟，本书研究得出的主要结论和政策建议如下所述。

7.1　研究的主要结论

通过引入最优污水污泥处理与可持续发展综合政策，福建省实现了污水污泥的循环利用，以及地区经济增长与环境改善的均衡发展。具体结果如下所述。

7.1.1　污水污泥资源化利用率有所提高

引入了新的污水处理技术并新建污水处理厂后，福建省污水处理能力逐渐增加。从 2012 年的 115338 万立方米，逐渐增加 2025 年的 153021 万立方米。再生水生产量由 2012 年的 6123 万立方米，逐年增加到 2025 年的 35223 万立方米。再生水回用率有明显改善，由 2012 年的 5.3%，上升到 2025 年的 23.2%。

分城市来看，福州市、厦门市、泉州市引入新的污水处理技术和新建污水处理厂后，污水处理能力有了显著提高，全市污水处理率分别从 2012 年的 52%、72.3%、39.1% 上升到 2025 年的 87.6%、90.4% 和 63%；莆田市、漳州市、南平市、龙岩市和宁德市也相应地对污水治理进行了财政投入，污水处理率分别从 2012 年的 36.4%、28.8%、34.8%、48.8%、45.4% 上升到 2025 年的 58.6%、40%、40%、62.5% 和 69.4%。三明市在目标期内未引入新的污水处理技术。虽然污水处理和回用水平有所改善，但从长期来看，福建省仍要重视污水治理工作。

引入污泥发电技术后，对新产生的污泥做发电处理。污泥处理增加量从 2013 的 2.89 万吨上升为 2025 年的 37.57 万吨，总污泥处理能力达到 93.48 万吨，实现了《"十三五"全国城镇污水处理及再生利用设施建设规划》中对污泥处理的目标。

从各市的污泥处理情况来看，新增的污泥处理技术主要集中在福州市和厦门市，污泥处理能力分别由 2012 年的 10.6 万吨、12.35 万吨上升到 2025 年的 13.49 万吨、47.03 万吨，污泥资源化利用水平大幅提高。莆田市、三明市、泉州市、漳州市、南平市、龙岩市和宁德市尚未对污泥的资源化利用引起重视，从长期来看，福建省的污泥资源化利用空间有待进一步开发。

7.1.2　产业结构调整实现经济可持续增长

福建省的地区生产总值 GRP 在目标期内不断上升，由 2012 年的 19699 亿元，上升到 2025 年的 56142 亿元。在目标期内，由于节能减排约束对高耗水、高耗能、高污染的产业产能进行了缩减，同时增加了新污水污泥处理技术的财政补贴，GRP 增长率短暂下降后稳步上升，以年均 8.6% 的速度超额实现了福建省发展规划目标。福建省三次产业结构调整为 3.8：50.7：45.4，基本实现了"十三五"规划中对第二、第三产业的发展目标。

从各市的经济总量变动趋势来看，福州市、厦门市、泉州市为福建省经济发展的第一梯队，年均增速分别为 9.1%、11.7% 和 6.9%。漳州市为福建省经济发展的第二梯队，年均增速达到 8%。莆田市、三明市、南平市、龙岩市和宁德市作为福建省经济发展的第三梯队，年均增速分别为 6.9%、6.6%、7.0%、8.2% 和 9.8%。经济发展相对落后的南平市、龙岩市和宁德市在引入污水污泥处理技术、加强节能减排约束和产业结构调整后，经济增长有了显著提高。

7.1.3 节能减排效果明显

由于引入了新的污水污泥处理技术和产业结构调整政策组合，并对节能减排进行了约束，因此环境质量得到了改善。新引入的污泥处理技术在回收能源的同时产生新的能源消耗。从总体来看，福建省的能源消耗量呈现上升态势，能源消耗强度有所波动，但仍满足《福建省"十三五"能源发展规划》的目标。说明即使引入污水污泥处理技术和产业结构调整政策组合，福建省的能源消耗和能源利用效率也能得到有效控制。从水污染物质 COD 排放情况来看，在目标期内，污染物排放量总体呈现下降趋势，年均减排 3%，为经济发展提供了环境容量。

各市在污水处理、污泥利用、节能减排等目标实现情况上存在差距。福州市和厦门市可持续发展能力较强，宁德市、泉州市居中，莆田市、三明市、漳州市、南平市、龙岩市可持续发展能力最弱。

从上述结果中，可以总结归纳出以下三点结论。

（1）从环境技术的引入对经济增长速度的影响来看，引入先进技术的环境规制对经济增长有显著的促进作用，随着环境约束增强、技术投入加大，经济增长水平逐步提升，具有边际递增效应，且对经济发展较为落后的地区更为显著。在模拟期中，相对落后的南平市、莆田市、三明市、龙岩市和宁德市由于引入了污水污泥处理技术等有效的环境约束政策，更多的环境配额转向低污染高附加值的产业，从而更快地推动了地方经济发展，环境经济效率逐步体现。

（2）从环境政策对经济影响时效来看，包括技术在内的综合环境政策手段对区域经济影响具有明显的滞后性。在环境技术投入主要依赖地方政府预算的情况下，地方政府需要根据实际情况制订系统的中长期财政计划，以确保环境治理效果的稳定性和持续性。

（3）从以环境主导的城市可持续发展路径来看，应根据地方特点与实际需求，制定包含环境技术与政策的综合环境规制系统；针对内部区域的规模和需求特点，引入先进的污水污泥处理技术，实现污水污泥资源化利用与水环境治理的有效改善；运用创新技术实现节能减排约束下的经济发展目标，促进经济社会发展全面绿色转型。

7.2 政策建议

根据福建省污水污泥资源化利用和可持续发展政策模拟结果，从先进污水污泥技术选择与布局、绿色产业发展规划、政府投资及补贴分配、资源节约和环境改善措施四个方面提出具体的政策建议方案。

7.2.1 先进污水污泥技术选择与布局

在污水处理方面，建议福建省选择膜生物处理技术和双膜生物处理技术。该技术在福建省的区域分配计划为，福州市、厦门市、莆田市、泉州市、漳州市、南平市、龙岩市和宁德市各新建6处、6处、1处、5处、1处、1处、1处、2处污水处理厂，共计23处。

在污泥处理方面，建议福建省选择厌氧发酵—流化床干燥技术 I 型。建议由经济相对发达的城市先进行试点，在污水处理的同时对污泥进行资源化利用。模型根据各市的地区生产总量、污泥处理能力、能源供需等约束，建议福州市引入1处，厦门市引入8处，全省共计9处。

7.2.2 绿色产业发展规划

2012～2025年，累积用于产业结构优化升级的财政补贴总额为3026.84亿元。建议将高耗水、高污染和高耗能的产业进行缩减：如农林牧渔业，采矿业，食品、烟草、纺织、木材及其他制造业，石油化工及金属、非金属制品业，电力、热力、燃气及水的生产和供应业，产值比重分别由2012年的5.46%、1.38%、23.37%，17.99%、3.45%缩减到2025年的2.30%、0.14%、8.34%、4.75%、0.66%。

重点发展产品附加价值率高、水资源利用效率高、能源消耗强度低和污染排放强度低的产业，如装备制造业，建筑业，商贸、交通、仓储及餐饮业，信息技术、金融、房产及其他服务业，将产值比重分别由2012年的13.74%、9.92%、10.79%、13.91%提高到2025年的44.5%、11.27%、12.25%、15.79%。

从行业发展方向来看，福建省要加快构建现代产业体系，提档升级特色现代农业与食品、建材加工等优势产业，做大做强电子信息和数字产业、先进装备制造业、石油化工等主导产业，培育壮大新材料、新能源、节能环保、生物与新医药、海洋高新五大新兴产业，深入推进先进制造业强省、质量强省。

7.2.3 政府投资及补贴分配

福建省用于引入污水污泥处理技术和建设污水污泥处理厂，共需要政府给予 91.42 亿元。其中, 50.70 亿元用于新建污水处理厂及后期维护, 40.71 亿元用于新建污泥处理厂及后期运行。

区域分配情况为: 福州市 16.69 亿元, 厦门市 52.28 亿元, 莆田市 4.804 亿元, 泉州市 13.25 亿元, 漳州市 1.59 亿元, 南平市 0.465 亿元, 龙岩市 0.55 亿元, 宁德市 1.76 亿元。

7.2.4 资源节约和环境改善措施

在水资源利用方面, 提高农业节水效率, 实行严格的水资源管理制度, 以水定产、以水定城, 建设节水型社会, 积极实施雨洪资源利用、再生水利用、海水淡化工程。进一步改善城市水循环系统、产业生产水循环系统, 提高污水的二次应用、循环应用, 最大限度地节约水资源; 在节能降耗方面, 除了对一次能源消耗总量进行限制外, 还应该实行全民节能行动计划、突出抓好重点领域节能。在污染物减排方面, 福州市、莆田市、泉州市、宁德市实现了水污染物质年均减排 3% 的目标, 其他城市减排任务尚未实现。因此, 应进一步采取措施, 深入推进主要污染物减排和治理, 强化污染排放标准约束和源头防控。

7.3 有待进一步研究的问题

本书研究仍存在一些局限性有待进一步完善。

首先, 对市政污水污泥处理设备的引进和投资, 只考虑了公共财政的作用, 为了鼓励污水污泥处理的产业化, 引导社会资本积极参与, 减少对政府投资的依赖，今后需要制定和实行合适的有关污水污泥管理的经济政策，包括鼓励公司和个人使用污泥制品的优惠政策，拓宽投融资渠道，建立多元化的财政资金投入保障机制。

其次，受调研数据所限，缺乏污泥处理处置过程中产生的温室气体的相关数据，因此，在本模型中尚无法对污水污泥处理处置和利用对温室气体排放的潜在影响进行评价。"碳达峰、碳中和"目标的提出为我国经济社会高质量发展提供了方向指引，将倒逼中国经济社会发展全面低碳转型，促进能源结构、产业结构、经济结构转型升级。因此，可以在后续研究中继续扩展模型，将"碳中和"目标纳入社会经济发展总体目标和发展战略中，必要时，还可加入生态碳汇增加等方面的政策和技术措施。

由于模型是基于 2012 年福建省各产业的投入产出关系进行的模拟预测，目标期内产业间投入产出系数、附加价值率不变，因此对于近年来兴起的战略性新兴产业、高新技术产业、现代服务业、数字经济产业等第二、第三产业的发展趋势体现不明显，使得模拟结果倾向于持续扩张污染少、能耗低、附加价值高的装备制造业和建筑业，造成第三产业比重在 2025 年仅为 45.4%，这与福建省"十四五"发展规划中关于服务业增加值比重达到 50% 的目标存在差距，也落后于全国平均水平。这也说明了福建省因特殊的地理区位和历史原因，工业化进程落后于东部其他沿海省份，正处于工业化高速发展阶段向工业化后期转型的阶段，在顺应工业化扩张的趋势下应适当地采取政府的环境规制政策以及产业转型政策，促使产业结构向合理化、高度化、生态化方面发展，用数字化、智能化改造传统主导产业，以更低的资源环境和碳排放代价引领主导产业的转换和发展，从而实现绿色低碳可持续发展。

另外，由于 2020 年突发新冠肺炎疫情对经济产生不可预期的影响，研究中无法对该影响进行预测，2020 年后的模拟数据将与实际情况发生一定程度的偏离，希望在今后的研究中进一步挖掘数据，扩充模型，使模型更加贴近现实水平。

　　总而言之，本书研究所构建的集成模型可以作为发展中国家可持续发展预警研究的工具，为政府决策提供具体可行的政策建议，也可以为其他处于工业化转型发展阶段的城市资源、环境、经济协调发展的模型框架提供一定的理论依据和参考价值。

附　　录

续表

序号	产业部门	需水系数
7	建筑业	5.03673
8	商贸、交通、仓储及餐饮业	5.03673
9	信息技术、金融、房产及其他服务业	5.03673

附表 C　　　　　福建省2012年各产业部门总产出　　　　单位：万元

产业部门	中间产品	最终消费	资本形成	净出口	总产出
农林牧渔业	20016569	8846172	251190	960069	30074000
采矿业	17957702	128204	104857	−10594863	7595900
食品、烟草、纺织、木材及其他制造业	68335835	15270443	4773669	40403068	128783014
石油化工及金属、非金属制品业	99261008	3542194	3204306	−6880409	99127099
装备制造业	45532661	4368221	18854407	6957498	75712787
电力、热力、燃气及水的生产和供应业	17336040	2020115	0	−347655	19008500
建筑业	2304045	844491	73005927	−21469963	54684500
商贸、交通、仓储及餐饮业	43025016	7753694	5101714	3561476	59441900
信息技术、金融、房产及其他服务业	40283324	36055266	7751631	−7447921	76642300

资料来源：《2012年福建省投入产出表》。

附表 D　　　　　福建省各产业间投入产出系数

	1	2	3	4	5	6	7	8	9
1	0.08015	0.00072	0.10815	0.00830	0.00002	0.00003	0.00910	0.03602	0.00274
2	0.00119	0.19162	0.00387	0.12304	0.00452	0.15830	0.00744	0.00020	0.00001
3	0.12444	0.01603	0.40154	0.02691	0.02816	0.00424	0.01461	0.04823	0.05498
4	0.10073	0.13711	0.08098	0.37989	0.17877	0.00597	0.46973	0.08075	0.03873
5	0.01498	0.03768	0.01445	0.02960	0.44227	0.05103	0.03691	0.03026	0.02255
6	0.01225	0.05550	0.02116	0.05614	0.01441	0.21900	0.00818	0.02293	0.01554
7	0.00960	0.00191	0.00114	0.00116	0.00107	0.00371	0.01461	0.00818	0.00394

续表

	1	2	3	4	5	6	7	8	9
8	0.02787	0.11602	0.06113	0.10518	0.05522	0.21409	0.10262	0.04279	0.08613
9	0.03802	0.06950	0.02681	0.03378	0.03411	0.09397	0.03581	0.20948	0.17005
10	0.08015	0.00072	0.10815	0.00830	0.00002	0.00003	0.00910	0.03602	0.00274

附表 E　　　　　**福建省 2012 年分产业分区域产值情况**　　　　单位：亿元

产业部门	福州市	厦门市	莆田市	三明市	泉州市	漳州市	南平市	龙岩市	宁德市
农林牧渔业	625.12	41.29	178.77	337.92	266.38	558.85	385.75	265.79	347.53
采矿业	30.62	0.00	3.49	239.72	122.21	9.81	39.26	298.87	15.60
食品、烟草、纺织、木材及其他制造业	2076.53	827.84	1196.45	889.64	4942.15	1355.79	604.82	560.85	424.22
石油化工及金属、非金属制品业	1786.10	1786.52	318.60	910.76	2818.23	900.92	365.40	154.96	871.21
装备制造业	2020.40	2072.90	276.32	314.10	1159.24	636.44	178.44	297.99	615.45
电力、热力、燃气及水的生产和供应业	530.01	123.30	164.70	86.24	459.74	190.01	72.37	150.97	123.51
建筑业	1495.63	784.19	398.98	358.88	974.08	471.25	313.86	470.13	201.45
商贸、交通、仓储及餐饮业	1568.29	1115.19	281.10	392.45	1227.76	531.73	218.02	352.54	257.10
信息技术、金融、房产及其他服务业	1911.04	1475.18	391.02	459.10	1339.06	811.67	353.19	487.98	435.97

资料来源：根据《2012 年福建省投入产出表》和《福建统计年鉴 2013》数据整理而得。

附表 F　　　　　　　　**福建省各产业附加价值率**

产业部门	附加价值率
农林牧渔业	0.5907
采矿业	0.3739
食品、烟草、纺织、木材及其他制造业	0.2808
石油化工及金属、非金属制品业	0.2360
装备制造业	0.2414
电力、热力、燃气及水的生产和供应业	0.2496

续表

产业部门	附加价值率
建筑业	0.3009
商贸、交通、仓储及餐饮业	0.5211
信息技术、金融、房产及其他服务业	0.6053

附表 G　　　　　　　　**福建省居民需水系数**　　　　单位：万立方米/人

序号	分类	需水系数
1	城镇居民	0.005767
2	农村居民	0.003942

附表 H　　　　　　　　**福建省产业污水排放系数**　　　单位：万立方米/亿元

序号	产业部门	污水排放系数
1	农林牧渔业	—
2	采矿业	6.980
3	食品、烟草、纺织、木材及其他制造业	3.132
4	石油化工及金属、非金属制品业	1.914
5	装备制造业	0.340
6	电力、热力、燃气及水的生产和供应业	20.579
7	建筑业	0.0067
8	商贸、交通、仓储及餐饮业	0.0067
9	信息技术、金融、房产及其他服务业	0.0067

附表 I　　　　　　　　**福建省各产业 COD 排放系数**　　　单位：吨/亿元

序号	产业部门	COD 排放系数
1	农林牧渔业	375.00831
2	采矿业	19.84785
3	食品、烟草、纺织、木材及其他制造业	55.16152
4	石油化工及金属、非金属制品业	20.26417
5	装备制造业	1.28250

续表

序号	产业部门	COD 排放系数
6	电力、热力、燃气及水的生产和供应业	6.87287
7	建筑业	244.6814
8	商贸、交通、仓储及餐饮业	244.6814
9	信息技术、金融、房产及其他服务业	244.6814

附表 J　　　　　**福建省各产业能源消耗系数**　　单位：万吨标准煤/亿元

序号	产业部门	能源消耗系数
1	农林牧渔业	0.1007
2	采矿业	0.0665
3	食品、烟草、纺织、木材及其他制造业	0.0738
4	石油化工及金属、非金属制品业	0.4742
5	装备制造业	0.0250
6	电力、热力、燃气及水的生产和供应业	1.0283
7	建筑业	0.0381
8	商贸、交通、仓储及餐饮业	0.1959
9	信息技术、金融、房产及其他服务业	0.0566

附表 K　　　　　**福建省各市投运城镇污水处理设施清单**　　单位：万立方米/日

城市	项目名称	主体处理工艺	投入时间	设计处理能力	平均处理水量
福州市	福州创源同方水务有限公司（金山污水处理厂）	SBR	2004 年 1 月	5.00	4.01
	福建海峡环保有限公司（洋里污水处理有限公司）	氧化沟	2003 年 1 月	30.00	30.62
	福州市祥坂污水处理有限公司	A/O	1997 年 9 月	8.00	8.67
	长乐亚新污水处理有限公司	活性污泥法	2007 年 12 月	5.00	3.29
	福州国际航空港有限公司污水处理站	A/O	1997 年 7 月	0.50	0.23
	闽侯县盈源环保工程有限公司	氧化沟	2008 年 12 月	1.50	1.73
	福州澳星同方净水业有限公司	氧化沟	2005 年 4 月	5.00	2.72

续表

城市	项目名称	主体处理工艺	投入时间	设计处理能力	平均处理水量
福州市	闽侯县青口汽车工业开发区污水处理厂	氧化沟	1999 年 10 月	1.00	0.33
	罗源北美水务有限公司（罗源城区污水处理厂）	奥贝尔氧化沟	2008 年 7 月	2.00	1.97
	福建学申投资有限公司（连江污水处理厂）	SBR	2008 年 3 月	4.00	3.04
	福建海峡环保有限公司（永泰县污水处理厂）	卡鲁塞尔氧化沟	2011 年 5 月	1.00	0.77
	福建华东水务有限公司江阴污水处理厂	改良 SBR	2011 年 3 月	2.00	1.47
	福清市黎阳水务有限公司	A²/O	2005 年 12 月	12.00	12.85
	福州经济技术开发区市政公用事业管理处（青州污水厂）	氧化沟	1998 年 5 月	2.50	2.24
	福州开发区市政管理处快安污水处理厂	氧化沟	2010 年 12 月	4.00	2.17
	闽清县污水处理厂	卡鲁塞尔氧化沟	2010 年 11 月	1.00	0.95
	福州恒发水务有限公司（滨海工业区污水处理厂）	卡鲁塞尔氧化沟	2012 年 4 月	3.00	1.38
	福州创源同方水务有限公司（连坂污水处理厂）	A²/O	2010 年 12 月	10.00	7.04
	福州市北控浮村污水处理厂	CASS	2011 年 11 月	5.00	2.19
	福州开发区市政管理处长安污水处理厂	CASS	2011 年 11 月	2.50	0.70
厦门市	筼筜污水处理厂	BAF 曝气生物滤池	1997 年 2 月	30.00	26.09
	前埔污水处理厂（原石渭头污水处理厂）	氧化沟	2002 年 2 月	20.00	17.45
	海沧污水处理厂	A²/O	2000 年 6 月	10.00	7.94
	集美污水处理厂	奥贝尔氧化沟	2000 年 6 月	9.00	4.39
	杏林污水处理厂	A²/O	1995 年 9 月	6.00	5.62
	同安污水处理厂	DE 氧化沟	2005 年 2 月	10.00	6.88
	翔安污水处理厂	氧化沟	2006 年 3 月	3.50	1.10
	华侨大学厦门校区污水及再生水处理工程	活性污泥法	2011 年 1 月	0.40	0.19
	厦门大学生活污水再生利用工程	MBR	2010 年 3 月	0.30	0.09
	厦门大学翔安校区污水处理站	A/O	2013 年 1 月	0.40	0.22

续表

城市	项目名称	主体处理工艺	投入时间	设计处理能力	平均处理水量
莆田市	普罗达克森（莆田）水处理有限公司（闽中污水处理厂）	A²/O	2002 年 10 月	16.00	16.79
	普罗达克森（莆田）荔城水处理有限公司	活性污泥法	2010 年 10 月	3.50	1.53
	仙游县北美水务有限公司	奥贝尔氧化沟	2009 年 12 月	2.00	2.02
三明市	三明市列东污水处理厂	氧化沟	1998 年 5 月	1.50	1.50
	三明市列西污水处理厂	SBR	2004 年 3 月	4.00	3.34
	福建明溪汇能环保科技有限公司	卡鲁塞尔氧化沟	2011 年 1 月	1.00	0.73
	三明鑫福水务有限公司	A/O	2010 年 10 月	1.00	0.57
	西部水务（福建）有限公司（宁化县城市污水净化厂）	SBR	2010 年 7 月	1.00	1.02
	大田县安然水务环保有限公司	氧化沟	2010 年 12 月	1.00	1.29
	福建省绿都环保有限公司	氧化沟	2009 年 12 月	2.00	2.57
	沙县蓝芳水务有限公司	氧化沟	2008 年 4 月	3.00	2.33
	福建省溢升环境科技发展有限公司将乐县城区污水处理厂	A²/O	2009 年 12 月	1.00	0.86
	福建省北美净水务有限公司（泰宁县污水处理厂）	氧化沟	2008 年 12 月	1.00	1.08
	福建省鸿泰泽净水有限公司	卡鲁塞尔氧化沟	2011 年 3 月	1.25	1.05
	永安市莲花山污水处理有限责任公司	氧化沟	2006 年 1 月	4.00	3.76
泉州市	宝洲污水处理厂	A/O	2005 年 10 月	15.00	12.53
	泉州市北峰污水处理厂	CAST	2008 年 5 月	4.50	3.96
	清濛污水处理厂	A²/O	2003 年 10 月	2.00	1.29
	石狮市中心区城市污水处理厂［皇宝（福建）环保工程投资有限公司］	卡鲁塞尔氧化沟	2007 年 5 月	10.00	9.95
	晋江仙石污水处理厂（福建凤竹环保有限公司）	A/O	2006 年 12 月	10.00	11.71
	晋江泉荣远东污水处理厂	卡鲁塞尔氧化沟	2007 年 12 月	6.00	5.21
	安平污水处理厂	A/O	2009 年 6 月	0.50	0.31
	芳源环保（南安）有限公司	氧化沟	2006 年 12 月	5.00	3.29
	惠安县污水处理厂	DE 氧化沟	2007 年 6 月	7.00	4.64

续表

城市	项目名称	主体处理工艺	投入时间	设计处理能力	平均处理水量
泉州市	安溪县城市污水处理厂	A^2/O	2007 年 4 月	3.00	3.49
	芳源环保（永春）有限公司	卡鲁塞尔氧化沟	2006 年 1 月	3.00	2.84
	德化县污水处理厂	氧化沟	2007 年 12 月	4.00	2.77
	石狮市南华环境工程开发有限公司	生物膜法	1997 年 12 月	7.10	4.73
	石狮市海天环境工程有限公司	二级生化	2000 年 12 月	9.00	8.25
	石狮市绿源环境工程开发有限公司	生物膜法	2002 年 8 月	5.70	3.48
	石狮市光华水处理有限责任公司	二级生化	2003 年 3 月	0.40	0.17
	晋江可慕制革集控区污水处理厂	二级生化	2009 年 7 月	0.50	0.18
	晋江华懋电镀集控区开污水处理厂	二级生化	2004 年 2 月	1.00	0.38
	晋江金泉环保有限公司（东海安污水处理厂）	A/O	2008 年 6 月	4.00	2.37
	福建省南安华源电镀集控区投资有限公司污水处理站	反渗透	2009 年 12 月	0.86	0.11
	惠南工业园区污水处理厂	二级生化	2008 年 5 月	2.50	0.29
	石狮市科达凯瑞尔水务有限公司	A^2/O	2012 年 1 月	2.50	0.38
	安溪县蓬莱镇污水处理厂	二级生化	2012 年 12 月	0.25	0.23
	泉州市城东污水处理厂	CAST	2008 年 10 月	4.50	4.91
	泉港盈源环保有限公司	卡鲁塞尔氧化沟	2011 年 6 月	1.25	1.00
	石狮市科辉水务有限责任公司（石狮市永宁镇污水处理厂）	A^2/O	2013 年 10 月	0.50	0.50
	晋江市晋南污水处理厂	氧化沟	2014 年 6 月	2.00	0.73
	南安爱思水务有限公司	氧化沟	2014 年 7 月	1.50	1.06
	南安爱达水务有限公司	氧化沟	2014 年 7 月	1.00	0.34
	安溪县龙门污水处理厂（安溪南方水务有限公司）	卡鲁塞尔氧化沟	2013 年 12 月	1.25	0.54
	安溪县湖头污水处理厂（福建省安溪县闽湖水务有限公司）	改良 SBR	2013 年 12 月	1.00	0.18

续表

城市	项目名称	主体处理工艺	投入时间	设计处理能力	平均处理水量
漳州市	漳州市西区金峰污水处理有限公司（西区污水处理厂）	氧化沟	2008 年 5 月	2.00	1.79
	漳州闽南污水处理有限公司	氧化沟	2001 年 1 月	10.00	7.60
	云霄长业水务有限公司	氧化沟	2009 年 12 月	2.50	2.50
	长泰三达水务有限公司（长泰县西区污水处理厂）	氧化沟	2009 年 11 月	1.50	1.40
	东山县政通建设工程有限公司污水处理厂	生物膜法	2009 年 4 月	0.80	0.77
	福建省南靖县汇能达环保科技有限公司	氧化沟	2009 年 3 月	1.00	0.97
	龙海市角美工业综合开发区污水处理厂	SBR	2007 年 4 月	2.00	1.35
	漳州开发区招商水务有限公司污水处理厂	A^2/O	2005 年 10 月	0.60	0.42
	福建圣泽龙海水务有限公司	氧化沟	2008 年 12 月	2.50	1.77
	漳州华龙城市污水处理有限公司	A/O	2006 年 12 月	1.00	0.51
	漳浦发展水务有限公司污水处理分公司	氧化沟	2010 年 10 月	2.00	2.25
	东山县双东污水厂	氧化沟	2010 年 12 月	2.00	1.87
	平和县污水处理厂	氧化沟	2011 年 1 月	2.00	1.78
	诏安县城污水处理厂	氧化沟	2011 年 1 月	2.00	1.60
	长泰长业水务有限公司	百乐克	2011 年 1 月	2.00	1.54
	华安县城关污水处理厂	氧化沟	2012 年 1 月	0.50	0.40
	西部水务（漳州）有限公司	SBR	2010 年 6 月	1.50	0.35
南平市	邵武市污水处理有限责任公司	卡鲁塞尔氧化沟	2008 年 11 月	2.00	1.84
	建阳市塔山污水处理有限公司	卡鲁塞尔氧化沟	2009 年 4 月	1.50	1.62
	福建省亨励水务科技有限公司（建瓯市城市污水处理厂）	卡鲁塞尔氧化沟	2010 年 1 月	1.50	1.27
	浦城华东水务污水处理厂	氧化沟	2012 年 7 月	1.50	1.55
	松溪县污水处理厂	氧化沟	2010 年 7 月	0.50	0.50
	政和县污水处理厂	氧化沟	2010 年 6 月	0.50	0.54
	光泽县污水处理有限公司	卡鲁塞尔氧化沟	2010 年 11 月	1.00	0.80
	顺昌县污水处理厂	卡鲁塞尔氧化沟	2011 年 5 月	1.00	0.78
	南平市供排水公司塔下污水处理厂	A^2/O	2002 年 11 月	5.00	4.18
	南平市供排水公司南庄污水处理厂	A^2/O	2008 年 8 月	3.00	0.63

续表

城市	项目名称	主体处理工艺	投入时间	设计处理能力	平均处理水量
南平市	建瓯市东游镇污水处理厂	A/O	2012 年 5 月	0.20	0.07
	建瓯市东峰镇污水处理厂	生化处理 + 生物滤池	2012 年 5 月	0.20	0.09
龙岩市	福建省龙岩市龙津净水有限责任公司	A^2/O	1999 年 12 月	15.00	13.55
	福建省长汀县嘉波污水处理有限公司	卡鲁塞尔氧化沟	2009 年 6 月	2.50	2.89
	上杭县佳波污水处理有限公司	卡鲁塞尔氧化沟	2009 年 12 月	2.50	2.65
	武平县三达水务有限公司	氧化沟	2009 年 9 月	2.00	2.19
	连城恒发水务有限公司	卡鲁塞尔氧化沟	2009 年 11 月	2.00	1.43
	永定县城区污水处理厂	卡鲁塞尔氧化沟	2009 年 12 月	1.00	0.67
	漳平市污水处理厂	卡鲁塞尔氧化沟	2009 年 12 月	2.00	1.81
宁德市	宁德市城市建设投资开发有限公司贵岐山污水处理厂	氧化沟	2008 年 9 月	4.00	3.67
	霞浦金华海污水处理有限公司	CAST	2007 年 12 月	2.00	2.00
	福鼎市三联污水处理有限公司	卡鲁塞尔氧化沟	2008 年 9 月	5.00	5.14
	寿宁县污水处理厂	CASS	2010 年 8 月	0.50	0.66
	福安市瑞晟环境工程有限公司	氧化沟	2009 年 12 月	3.50	3.60
	屏南县绿友净化有限公司	卡鲁塞尔氧化沟	2010 年 6 月	1.00	0.74
	古田县海鑫污水处理有限公司	卡鲁塞尔氧化沟	2010 年 4 月	2.00	2.14
	福鼎市龙安污水处理有限公司	CASS	2008 年 11 月	0.30	0.14
	福鼎市文渡污水处理有限公司	A^2/O	2010 年 5 月	0.40	0.09
平潭	福建大成环保有限公司（平潭污水处理厂）	卡鲁塞尔氧化沟	2007 年 5 月	2.00	1.90

资料来源：《全国投运城镇污水处理设施清单》。

参 考 文 献

［1］班福忱，刘明秀，李亚峰等．城市污水处理厂污泥资源化研究探讨［J］．环境科学与管理，2006，31（5）：45－47．

［2］曹秀芹，陈爱宁，甘一萍等．污泥厌氧消化技术的研究与进展［J］．环境工程，2008（S1）：215－219．

［3］陈操操，汪浩，刘春兰等．基于修正能源平衡体系的北京市能流分析［J］．中国能源，2013，35（8）：25－31．

［4］池勇志，习钰兰，薛彩红等．厌氧消化技术在日本有机废水和废弃物处理中的应用［J］．给水排水，2011，27（8）：27－33．

［5］戴俊，傅彦铭．环境规制、产业结构对能源效率的影响［J］．中国农业资源与区划，2020，41（9）：55－63．

［6］杜也力．"可持续发展理论"研究综述［J］．高校社科信息，1997（3）：22－25．

［7］杜玉明．福建省CGE模型研究［D］．福州：福州大学，2004．

［8］多恩布什，费希尔，斯塔兹（著），范家骧等（译）．宏观经济学（第4版）［M］．北京：中国人民大学出版社，2000．

［9］高鸿业（编）．西方经济学（微观部分，第五版）［M］．北京：中国人民大学出版社，2010．

［10］谷晋川，蒋文举，雍毅．城市污水厂污泥处理与资源化［M］．北京：化学工业出版社，2008．

［11］杭世珺，关春雨．污泥厌氧消化工艺运行阶段的碳减排量分析

[J]. 给水排水, 2013, 39 (4): 44 –50.

[12] 何有世. 区域社会经济系统发展动态仿真与政策调控 [M]. 合肥: 中国科学技术大学出版社, 2008.

[13] 何汪洋, 杨敏, 刘富尧等. 剩余污泥厌氧发酵产气特性试验研究 [J]. 安徽农业科学, 2013, 41 (11): 4988 –4990.

[14] 胡佳佳, 白向玉, 刘汉湖等. 国内外城市剩余污泥处置与利用现状 [J]. 徐州工程学院学报 (自然科学版), 2009, 24 (2): 45 –49.

[15] 黄贤凤. 江苏省经济—资源—环境 (Ec-Re-En) 协调发展系统动态仿真研究 [D]. 镇江: 江苏大学, 2005.

[16] 贾俊霞. 中国投入产出核算简介 [J]. 中国统计, 2021 (3): 49 –51.

[17] 贾舒婷, 张栋, 赵建夫等. 不同预处理方法促进初沉/剩余污泥厌氧发酵产沼气研究进展 [J]. 化工进展, 2013, 32 (1): 193 –197.

[18] 靳云辉, 张学兵, 周建忠等. 污泥厌氧消化及沼气发电技术在马来西亚 Pantai 污水处理厂中的应用 [J]. 西南给排水, 2012, 34 (3): 6 –10.

[19] 蓝盛芳, 钦佩, 陆宏芳. 生态经济系统能值分析 [M]. 北京: 化学工业出版社, 2002.

[20] 李军, 王忠民, 张宁等. 污泥燃烧工艺技术研究 [J]. 环境工程, 2006, 36 (6): 48 –52.

[21] 李琳. 污泥厌氧消化技术发展应用现状及趋势 [J]. 中国环保产业, 2013: 57 –60.

[22] 李晓东, 岑宇虹. 污泥流化床燃烧技术的应用 [J]. 燃烧科学与技术, 2002, 8 (2): 159 –162.

[23] 李源, 应杰. 论物质平衡理论对经济和环境系统的影响 [J]. 才智, 2011 (8): 27 –28.

[24] 李子江. 数理经济: 一般均衡理论与方法 [M]. 北京: 中国社会科学出版社, 1995.

[25] 刘起运, 陈璋, 苏汝劼. 投入产出分析 (第二版) [M]. 北京: 中

国人民大学出版社，2011.

[26] 刘璟. 区域工业产业发展系统动力学建模探索——以广州市为例 [J]. 广东培正学院学报，2009（1）：38-41.

[27] 刘敬勇，卓钟旭，孙水裕等. 酸洗对工业污泥燃烧特性的影响 [J]. 热力发电，2014（4）：21-26.

[28] 刘伟，鞠美庭，李智，黄娟，邵超峰. 区域（城市）环境—经济系统能流分析研究 [J]. 中国人口·资源与环境，2008，18（5）：59-63.

[29] 吕红平，包芳. 可持续发展中的生态伦理 [J]. 改革先声，2001（5）：33-34.

[30] 尼斯，斯威尼（著），李晓西等（译）. 自然资源与能源经济学手册（第1卷）[M]. 北京：经济科学出版社，2007.

[31] 聂静，杨健，姚阔为等. 城市污水污泥农用资源化评述 [J]. 四川有色金属，2006（4）：53-56.

[32] 马宗晋，姚清林. 社会可持续发展论 [J]. 自然辩证法研究，1996，12（12）：28-30.

[33] Roland-Holst, van der Mensbrugghe（著），李善同等（译）. 政策建模技术：CGE模型的理论与实现 [M]. 北京：清华大学出版社，2009.

[34] 任鹏飞，杨永强，张新妙. 膜生物反应器（MBR）节能减耗的研究进展 [J]. 现代化工，2017，37（12）：43-45.

[35] 沈镭. 资源的循环特征与循环经济政策 [J]. 资源科学，2005，27（1）：32-38.

[36] 史骏. 城市污水污泥处理处置系统的技术经济分析与评价（上）[J]. 给水排水，2009，35（8）：32-35.

[37] 宿翠霞，王龙波，李凌霄等. 城镇污水处理厂污泥处置与资源化利用 [J]. 中国资源综合利用，2012，28（5）：50-52.

[38] 斯塔尔（著），鲁昌，许永国（译）. 一般均衡理论 [M]. 上海：上海财经大学出版社，2003.

［39］汤姆·蒂坦伯格，琳恩·刘易斯. 环境与自然资源经济学（第八版）［M］. 北京：中国人民大学出版社，2011.

［40］唐艳兵. 推动碳达峰、碳中和——坚持新发展理念，做好"十四五"规划布局［N］. 中国日报，2021.

［41］汪安佑，雷涯邻，沙景华. 资源环境经济学［M］. 北京：地质出版社，2005.

［42］汪应洛. 系统工程理论、方法与应用（第二版）［M］. 北京：高等教育出版社，1998.

［43］王菲，杨国录，刘林双等. 城市污泥资源化利用现状及发展探讨［J］. 南水北调与水利科技，2013，11（2）：99–103.

［44］王刚. 国内外污泥处理处置技术现状与发展趋势［J］. 环境工程车，31（s1）：530–533.

［45］王吉苹，吝涛，薛雄志. 基于系统动力学预测厦门水资源利用和城市化发展［J］. 生态科学，2016，35（6）：98–108.

［46］王瑾，钱新，钱瑜. 基于系统动力学的生态工业系统模型构建——以南通经济技术开发区为例［J］. 山西农业大学学报（自然科学版），2011，31（1）：80–85.

［47］王淼洋. 可持续性发展——一种新的文明观［J］. 复印报刊资料（科学技术哲学），1997（1）：49–52.

［48］王强. 再论可持续发展的特征［J］. 合肥教育学院学报，2001，18（4）：24–26.

［49］谢昆，尹静，陈星. 中国城市污水处理工程污泥处置技术研究进展［J］. 工业水处理，2020，40（7）：18–23.

［50］雄帆，黄君涛，钟里. 城市污泥的处理处置与资源化利用［J］. 广东化工，2005（1）：87–89.

［51］修红玲，朱文彬，韦家兴等. 中国水资源承载能力调控关键技术与政策研究［J］. 北京师范大学学报（自然科学版），2020（56）：467–473.

［52］闫晶晶，肖荣阁，沙景华．水污染物质排放减量化环境综合政策的模拟分析与评价［J］．中国人口·资源与环境，2010，20（3）：124-127.

［53］叶文飞．生态环境与可持续发展的理论认识［J］．宏观经济研究，2001（4）：56-58.

［54］曾菊新．空间经济：系统与结构［M］．武汉：武汉出版社，1996.

［55］张军（编）．高级微观经济学［M］．上海：复旦大学出版社，2002.

［56］张丽丽，李咏梅．pH 值对化学—生物混合污泥厌氧发酵释磷的影响［J］．中国环境科学，2014，34（3）：650-658.

［57］张欣．可计算一般均衡模型的基本原理与编程［M］．上海：格致出版社，上海人民出版社，2010.

［58］张志杰，吕鹏，周伟．矿产资源循环经济模式研究［J］．中国矿业，2012（21）：177-180.

［59］赵改菊，尹凤交，张宗宇等．城市生活污泥燃烧特性的研究［J］．锅炉技术，2013，44（6）：75-78.

［60］赵永，王劲峰，蔡焕杰．水资源问题的可计算一般均衡模型研究综述［J］．水科学进展，2008，19（5）：756-762.

［61］郑玉歆，樊明太．中国 CGE 模型及政策分析［J］．北京：社会科学文献出版社，2009.

［62］朱珍香，杨军．福建水库空间分布特征：沿海密度高水量少、内陆密度低水量多［J］．湖泊科学，2018，30（2）：567-580.

［63］Andrew Ford. Modeling the Environment：An Introduction to System Dynamics Models of Environmental Systems［M］. Island Press，Washington DC，1999.

［64］Arrow K. J. An Extension of the Basic Theorems of Classical Welfare Economics［M］. Cowles Commission for Research in Economics，The University of Chicago，1952.

［65］Arrow K. J.，Debreu G. Existence of an Equilibrium for a Competitive

Economy [J]. Econometrica: Journal of the Econometric Society, 1954: 265 – 290.

[66] Arrow K. J. , Hurwicz L. On the Stability of the Competitive Equilibrium [J]. Econometrica: Journal of the Econometric Society, 1958: 522 – 552.

[67] Ayres R. U. , A. V. Kneese. Production, Consumption and Externalities [J]. American Economic Review, 1969, 59: 282 – 297.

[68] Bandara J. S. Computable General Equilibrium Models for Development Policy Analysis in LDCs [J]. Journal of Economic Surveys, 1991, 5 (1): 3 – 69.

[69] Bekchanov M. , Sood A. , Pinto A. , Jeuland M. Systematic Review of Water Economy Modeling Applications [J]. Journal of Water Resource Planning and Management, 2017, 143 (8).

[70] Berrittella M. , Hoekstra A. Y. , Rehdanz K. , Roson R. , Tol R. S. J. The Economic Impact of Restricted Water Supply: A Computable General Equilibrium Analysis [J]. Water Research, 2007, 41 (8), 1799 – 1813.

[71] Boero G. , Clarke R. , Winters L. A. The Macroeconomic Consequences of Controlling Greenhouse Gases: A Survey [C]. HM Stationery Office, 1991.

[72] Borges A. M. Applied General Equilibrium Models [J]. OECD Economic Studies, 1986 (7): 7 – 43.

[73] Böhringer C. , Rutherford T. F. , Wiegard W. Computable General Equilibrium Analysis: Opening a Black Box [J]. Center for ZEW (European Economic Research) Discussion Paper No. 03 – 56, Mannheim, 2004.

[74] Brian Dyson, Ni-Bin Chang. Forecasting Municipal Solid Waste Generation in a Fast-growing Urban Region with System Dynamics Modeling [J]. Waste Management, 2002, 25: 669 – 679.

[75] Burfisher M. E. Introduction to Computable General Equilibrium Models [M]. New York: Cambridge University Press, 2011.

[76] Chae S. R. , Shin H. S. Effect of Condensate of Food Waste (CFW) on Nutrient Removal and Behaviours of Intercellular Materials in a Vertical Submerged

Membrane Bioreactor（VSMBR）［J］. Bioresource Technology, 2007, 98（2）: 373 – 379.

［77］ Chriemchaisri C. , Yamamoto Y. , Vigneswaran S. Household Membrane Bioreactor in Domestic Wastewater Treatment ［J］. Water Science and Technology, 1993, 27: 171 – 178.

［78］ Churchouse S. Membrane Bioreactors for Wastewater Treatment—operating Experiences with the Kubota Submerged Membrane Activated Sludge Process ［J］. Membrane Technology, 1997, 1997（83）: 5 – 9.

［79］ Ci Song, Jingjing Yan, Jinghua Sha, et al. Dynamic Modeling Application for Simulating Optimal Policies on Water Conservation in Zhangjiakou City, China ［J］. Journal of Cleaner Production, 2018, 201: 111 – 122.

［80］ Cumberland J. H. , B. N. Stram. Empirical Results from Application of Input-output Models to Environmental Problems, in: K. R. Polenske and J. V. Skolka （eds. ）. Advances in Input-output Analysis（Ballinger, Cambridge）, 1976: 365 – 382.

［81］ Côté P. , Masini M. , Mourato D. Comparison of Membrane Options for Water Reuse and Reclamation ［J］. Desalination, 2004, 167（15）: 1 – 11.

［82］ Daly H. E. On Economics as a Life Science ［J］. Journal of Political Economy, 1968（76）: 392 – 406.

［83］ Debreu G. Theory of Value: An Axiomatic Analysis of Economic Equilibrium ［M］. Yale University Press, 1959.

［84］ Debreu G. , Scarf H. A Limit Theorem on the Core of an Economy ［J］. International Economic Review, 1963, 4（3）: 235 – 246.

［85］ Devarajan S. , Robinson S. Contribution of Computable General Equilibrium Modeling to Policy Formulation in Developing Countries ［J］. Handbook of Computable General Equilibrium Modeling, 2013, 1: 277 – 301.

［86］ Diaz-Elsayed N. , Rezaei N. , Guo T. , et al. Wastewater-based Resource Recovery Technologies Across Scale: A Review ［J］. Resources, Conservation and Recycling, 2019 (145): 94 – 112.

[87] Dixon P. B. , Parmenter B. R. Computable General Equilibrium Model-ling for Policy Analysis and Forecasting [J]. Handbook of Computational Econom-ics, 1996, 1: 3 – 85.

[88] Dixon P. B. Evidence-based Trade Policy Decision Making in Australia and the Development of Computable General Equilibrium Modelling [R]. Monash University, Centre of Policy Studies and the Impact Project, 2006.

[89] Enrica U. , Ivet F. , Jordi M. , Joan G. Technical, Economic and Environmental Assessment of Sludge Treatment Wetlands [J]. Water Research, 2011, 45: 73 – 582.

[90] Folmer H. , Gabel H. L. , Opschoor H. Principles of Environmental and Resource Economics: A Guide for Students and Decision-makers [M]. Edward Elgar Publishing Ltd, 1995.

[91] Forsund F. R. , S. Strom. The Generation of Residue Flows in Norway: An Input-output Approach [J]. Journal of Environmental Economics and Manage-ment, 1976, 3: 129 – 141.

[92] Forsund F R. Input-output Models: National Economic Models and the Environment [M] // Kneese A V. Sweeney J L. Handbook of National Resource and Energy Economics, Netherlands: Elsevier Science Ltd. , 1985.

[93] Fletcher H. , Mackley T. , Judd S. The Cost of a Package Plant Mem-brane Bioreactor [J]. Water Research, 2007, 41 (12): 2627 – 2635.

[94] Flick W. A. Environmental Repercussions and the Economic Structure: An Input-output Approach [J]. The Review of Economics and Statistics, 1974, 56: 107 – 109.

[95] Gaia. A New Look at Life on Earth [M]. Oxford University Press, Ox-ford, NewYork, 1987.

[96] Gander M. , Jefferson B. , Judd S. Aerobic MBRs for Domestic Wastewater

Treatment: A Review with Cost Considerations [J]. Separation and Purification Technology, 2000, 18: 119 – 130.

[97] Hahn F. H. , Negishi T. A Theorem on Non-tatonnement Stability [J]. Econometrica: Journal of the Econometric Society, 1962: 463 – 469.

[98] Hassan R. , Kyei C. Managing the Trade-off between Economic Growth and Protection of Environmental Quality: The Case of Taxing Water Pollution in the Olifants River Basin of South Africa [J]. Water Policy, 2019, 21 (2): 277 – 290.

[99] Helmut Haberl. The Energetic Metabolism of Societies Part I: Accounting Concepts [J]. Journal of Industrial Ecology, 2001, 5 (1): 11 – 33.

[100] Hong Y. , Abbaspour K. C. Analysis of Wastewater Reuse Potential in Beijing [J]. Desalination, 2007, 212 (1 – 3): 238 – 250.

[101] Hicks J. R. Value and Capital: An Inquiry into Some Fundamental Principles of Economic Theory [M]. New York: Oxford University Press, 1939.

[102] Higano Y. , Sawada T. The Dynamic Policy to Improve the Water Quality of Lake Kasumigaura [J]. Studies in Regional Science, 1997, 27 (1): 75 – 86.

[103] Higano Y. , Yoneta A. Economic Policies to Relieve Contamination of Lake Kasumigaura [J]. Studies in Regional Science, 1999, 29 (3): 205 – 218.

[104] Hirose F. , Yoshiro H. A Simulation Analysis to Reduce Pollutants from the Catchment Area of Lake Kasumigaura [J]. Studies in Regional Science, 2000, 30 (1): 47 – 63.

[105] Hite J. C. , Laurent. E. A. Environmental Planning: An Economic Analysis [M]. Praeger, New York, 1972.

[106] Hong J. L. , Hong J. M. , Otaki M. , et al. Environmental and Economic Life Cycle Assessment for Sewage Sludge Treatment Processes in Japan [J]. Waste Management, 2009, 29: 696 – 703.

[107] Isard W. Some Notes on the Linkage of the Ecologic and Economic Systems [J]. Regional Science Association, Papers and Proceedings, 1969 (22): 85 – 96.

［108］ Jay W. Forrester. Industrial Dynamics ［M］. MIT Press, 1961.

［109］ Jay W. Forrester. Principles of Systems ［M］. Productivity Press, 1990.

［110］ Jay W. Forrester. Urban Dynamics ［M］. MIT Press, 1969.

［111］ Jian-xia Chang, Tao Bai, Qiang Huang, Da-wen Yang. Optimization of Water Resources Utilization by PSO-GA ［J］. Water Resources Management, 2013 (27): 3525 – 3540.

［112］ Jing D. B. COD, TN and TP Removal of Typha Wetland Vegetation of Different Structures ［J］. Polish Journal of Environmental Studies, 2009, 18 (2): 183 – 190.

［113］ Johansen L. A Multi-sectoral Study of Economic Growth ［M］. Amsterdam: North-Holland, 1960.

［114］ John D. Sterman. Exploring the Next Great Frontier: System Dynamics at Fifty ［J］. System Dynamics Review, 2007, 23 (2 – 3): 89 – 93.

［115］ Junying Chu, Jining Chen, Can Wang, Ping Fu. Wastewater Reuse Potential Analysis: Implications for China's Water Resources Management ［J］. Water Research, 2004 (38): 2746 – 2756.

［116］ Ke W. L., Sha J. H., Yan J. J., et al. A Multi-Objective Input-Output Linear Model for Water Supply, Economic Growth and Environmental Planning in Resource-Based Cities ［J］. Sustainability, 2016, 8: 160.

［117］ Kim Y., Parker W. A Technical and Economic Evaluation of the Pyrolysis of Sewage Sludge for the Production of Bio-oil ［J］. Bioresource Technology, 2008, 99: 1409 – 1416.

［118］ Kimura K., Yamato N., Yamamura H., et al. Membrane Fouling in Pilot-Scale Membrane Bioreactors (MBRs) Treating Municipal Wastewater ［J］. Environmental Science & Technology, 2005, 39: 6293 – 6299.

［119］ Kyou H. L., Jong H., Tae J. P. Simultaneous Organic and Nutrient Removal from Municipal Wastewater by BSACNR Process ［J］. Korean Journal of

Chemical Engineering, 1998, 15 (1): 9 - 14.

［120］ Laera G. , Cassano D. , Lopez A. Mascolo G. Removal of Organics and Degradation Products from Industrial Wastewater by a Membrane Bioreactor Integrated with Ozone or UV/H2O2 Treatment ［J］. Environmental Science & Technology, 2012, 46: 1010 - 1018.

［121］ Le-Clech P. , Chen V. , Fane T. A. G. Fouling in Membrane Bioreactors Used in Wastewater Treatment ［J］. Journal of Mem-brane Science, 2006, 284 (1 - 2): 17 - 53.

［122］ Lee K. S. A Generalized Input-output Model of an Economy with Environmental Protection ［J］. The Review of Economics and Statistics, 1982, 64 (3): 466 - 473.

［123］ Leontief W. W. The Future of the World Economy ［M］. Oxford University Press, New York, 1977.

［124］ Leontief W. W. Input-Output Economics ［M］. 2nd ed. New York: Oxford University Press, 1986.

［125］ Lesjean B. , Gnirssb R. , Adamc C. Process Configurations Adapted to Membrane Bioreactors for Enhanced Biological Phosphorous and Nitrogen Removal ［J］. Desalination, 2002, 149: 217 - 224.

［126］ Liang Z. , Das A. , Beerman D. , et al. Biomass Characteristics of Two Types of Submerged Membrane Bioreactors for Nitrogen Removal from Wastewater ［J］. Water Research, 2010, 44 (11): 3313 - 3320.

［127］ Lin H. J. , Chen J. R. , Wang F. Y. , et al. Feasibility Evaluation of Submerged Anaerobic Membrane Bio-reactor for Municipal Secondary Wastewater Treatment ［J］. Desalination, 2011, 280: 120 - 126.

［128］ Lowe P. D. Pricing Problems in an Input-output Approach to Environment Protection ［J］. The Review of Economics and Statistics, 1978, 60: 110 - 117.

［129］ Luckmann J. , Grethe H. , McDonald S. , Orlov A. , Siddig K. An

Integrated Economic Model of Multiple Types and Uses of Water [J]. Water Resources Research, 2014, 50 (5): 3875 – 3892.

[130] Luckmann J. , Grethe H. , McDonald S. When Water Saving Limits Recycling: Modelling Economy-wide Linkages of Wastewater Use [J]. Water Research, 2016, 88: 972 – 980.

[131] Mahdi Zarghami. Urban Water Management Using Fuzzy-Probabilistic Multi-Objective Programming with Dynamic Efficiency [J]. Water Resources Management, 2010 (24): 4491 – 4504.

[132] Mao H. , Xu D. Q. , Wang W. J. The Evaluation Model and Application Research of Sludge Disposal Method in Sewage Plant [J]. Environmental Science and Management 2010, 35 (1): 191 – 184.

[133] Meng F. , Chae S. R. , Drews A. , et al. Recent Advances in, Membrane Bioreactors (MBRs): Membrane Fouling and Membrane Material [J]. Water Research, 2009, 43 (6): 1489 – 1512.

[134] Mills N. , Pearce P. , Farrow J. , et al. Environmental & Economic Life Cycle Assessment of Current & Future Sewage Sludge to Energy Technologies [J]. Waste Management, 2014, 34: 185 – 195.

[135] Moore S. A. Environmental Repercussions and the Economic Structure: Some Further Comments [J]. The Review of Economics and Statistics, 1980, 62: 139 – 142.

[136] Murray A. , Horvath A. , Nelson K. Hybrid Life-Cycle Environmental and Cost Inventory of Sewage Sludge Treatment and End-Use Scenarios: A Case Study from China [J]. Environmental Science & Technology, 2008, 42 (9): 3163 – 3169.

[137] Nieuwenhuijzen A. F. V. , Evenblij H. , Uijterlinde C. A. , et al. Review on the State of Science on Membrane Bioreactors for Municipal Wastewater Treatment [J]. Water Science & Technology, 2008, 57 (7): 979 – 986.

［138］ Nick Apostolidis, Chris Hertle, Ross Young. Water Recycling in Australia ［J］. Water, 2011, 3: 869 – 881.

［139］ Nywenind J. P. , Zhou H. Inganfluence of Filtration Conditions on Membrane Fouling and Scouring Aeration Effectiveness in Submerged Membrane Bioreactors to Treat Municipal Wastewater ［J］. Water Research, 2009, 43 (14): 3548 – 3558.

［140］ Owen G. , Bandi M. , Howell J. A. , Churchouse S. J. Economic Assessment of Membrane Processes for Water and Waste Water Treatment ［J］. Journal of Membrane Science, 1995, 102: 77 – 91.

［141］ Pearce D. W. , Warford J. J. World without End: Economics, Environment, and Sustainable Development ［M］. New York: Oxford Univ. Pr. Inc. , 1993.

［142］ Rhee J. J. , Miranowski J. A. Determination of Income, Production and Employment under Pollution Control: An Input-output Approach ［J］. The Review of Economics and Statistics, 1984, 64: 146 – 150.

［143］ Scaramucci J. A. , Perin C. , Pulino P. , Bordoni O. F. , Da Cunha M. P. , Cortez L. A. Energy from Sugarcane Bagasse under Electricity Rationing in Brazil: A Computable General Equilibrium Model ［J］. Energy Policy, 2006, 34 (9): 986 – 992.

［144］ Scarf H. The Approximation of Fixed Points of a Continuous Mapping ［J］. SIAM Journal on Applied Mathematics, 1967, 15 (5): 1328 – 1343.

［145］ Scarf H, Hansen T. The Computation of Economic Equilibria ［M］. New Haven: Yale Universuty Press, 1973.

［146］ Shoven J. B. Applying General Equilibrium ［M］. Cambridge University Press, 1992.

［147］ Sofroniou A. , Bishop S. Water Scarcity in Cyprus: A Review and Call for Integrated Policy ［J］. Water, 2014 (6): 2898 – 2928.

［148］ Steenge A. Environmental Repercussions and the Economic Structure:

Further Comments [J]. The Review of Economics and Statistics, 1978, 60: 482 – 486.

[149] Tan Q. , Huang G. H. , Cai Y. P. Multi-Source Multi-Sector Sustainable Water Supply Under Multiple Uncertainties: An Inexact Fuzzy-Stochastic Quadratic Programming Approach [J]. Water Resources Management, 2013 (27): 451 – 473.

[150] Tangsubkul N. , Beavis P. , Moore S. J. , et al. Life Cycle Assessment of Water Recycling Technology [J]. Water Resources Management, 2005, 19 (5): 521 – 537.

[151] Trouve E. , Urbain V. , Manem J. Treatment of Municipal Wastewater by a Membrane Bioreactor: Results of a Semi-industrial Pilot-scale Study [J]. Water Science and Technology, 1994, 30: 151 – 157.

[152] United Nations. A System of National Accounts [J]. Studies in Methods, Series F, No. 2 (New York), 1968.

[153] Victor P. A. Pollution: Economy and Environment [M]. Allen and Unwin, London, 1972.

[154] Vipin Singh, Harish C. Phuleria, Munish K. Chandel. Estimation of Energy Recovery Potential of Sewage Sludge in India: Waste to Watt Approach [J]. Journal of Cleaner Production, 2020, 276: 122538.

[155] Wald A. On Some Systems of Equations of Mathematical Economics [J]. Econometrica: Journal of the Econometric Society, 1951: 368 – 403.

[156] Wang Y. H. , Inamori R. , Kong H. N. , et al. Influence of Plant Species and Wastewater Strength on Constructed Wetland Methane Emissions and Associated Microbial Populations [J]. Ecological Engineering, 2008 (32): 22 – 29.

[157] Wang Yang, Wang Xiaoming, Yang Fan. Application of System Dynamics to Project Management in Old Urban Redevelopment [C]. Proceedings of the 3rd IEEE International Conference on Communications, Services, Knowledge and Engineering Management, Shanghai China, 2007: 5231 – 5234.

［158］Hao X. , Yan J. , Sha J. , et al. Exploring the Synthetic Optimal Poli-cies for Solving Problems of Agricultural Water Use with a Dynamic Optimization Simulation Model ［J］. Journal of Cleaner Production, 2020, 125062.

［159］Xiang Nan, Yan Jingjing, Sha Jinghua, et al. Dynamic Modeling and Simulation of Water Environment Management with a Focus on Water Recycling ［J］. Water, 2014 (6): 17 - 31.

［160］Xu C. Q. , Chen W. , Hong J. L. Life-Cycle Environmental and Eco-nomic Assessment of Sewage Sludge Treatment in China ［J］. Journal of Cleaner Production, 2014, 67: 79 - 87.

［161］Xu M. , Li C. H. , Wang X. , et al. Optimal Water Utilization and Allocation in Industrial Sectors Based on Water Footprint Accounting in Dalian City, China ［J］. Journal of Cleaner Production, 2018, 176: 1283 - 1291.

［162］Xu Qiuxiang, Li Xiaoming, Ding Rongrong, et al. Understanding and Mitigating the Toxicity of Cadmium to the Anaerobic Fermentation of Waste Activa-ted Sludge ［J］. Water Research, 2017, 124 (1): 269 - 279.

［163］Nyam Y. S. , Kotir J. H. , Jordaan A. J. , et al. Developing a Concep-tual Model for Sustainable Water Resource Management and Agricultural Develop-ment: The Case of the Breede River Catchment Area, South Africa ［J］. Environ-mental Management, 2021 (1): 11.

［164］Yan Jingjing, Sha Jinghua, Chu Xiao, et al. Endogenous Derivation of Optimal Environmental Policies for Proper Treatment of Stockbreeding Wastes in the Upstream Region of the Miyun Reservoir, Beijing ［J］. Papers in Regional Sci-ence, 2014, 93 (2): 477 - 500.

［165］Yang W. , Song J. , Higano Y. , et al. Exploration and Assessment of Optimal Policy Combination for Total Water Pollution Control with a Dynamic Simu-lation Model ［J］. Journal of Cleaner Production, 2015, 102: 342 - 352.

［166］Yoona S. H. , Kimb H. S. , Yeomb I. T. The Optimum Operational

Condition of Membrane Bioreactor (MBR): Cost Estimation of Aeration and Sludge Treatment [J]. Water Research, 2004, 38 (1): 37 – 46.

[167] Zhang G. F. , Sha J. H. , Wang T. Y. , Yan J. J. , Higano Y. Comprehensive Evaluation of Socio-economic and Environmental Impacts Using Membrane Bioreactors for Sewage Treatment in Beijing [J]. Journal of Pure and Applied Microbiology, 2013 (7): 553 – 564.

[168] Zhang S. Y. , Houten R. V. , Eikelboom D. H. , et al. Sewage Treatment by a Low Energy Membrane Bioreactor [J]. Bioresource Technology, 2003, 90 (2): 185 – 192.

[169] Zhou Q. , Yabar H. , Mizunoya T. , Higano Y. Exploring the Potential of Introducing Technology Innovation and Regulations in the Energy Sector in China: A Regional Dynamic Evaluation Model [J]. Journal of Cleaner Production, 2016, 112: 1537 – 1548.

[170] Zhou X. Y. , Lei K. , Meng W. , et al. Industrial Structural Upgrading and Spatial Optimization Based on Water Environment Carrying Capacity [J]. Journal of Cleaner Production, 2017, 165: 1462 – 1472.

[171] Zhang Z. Integrated Economy-Energy-Environment Policy Analysis: A Case Study for the People's Republic of China [D]. Landbouwuniversiteitte Wageningen, 1996.